書山有路勤為徑
學海無崖苦作舟

文經閣

書山有路勤為徑
學海無崖苦作舟

文經閣

在看故事中茁壯自己
深化銷售技巧與自信

跑業務的第一本 Sales Key

趙建國◎編著

新業務不能不看的心理輔導手冊

銷售最重要的要素是自己；
銷售最重要的技巧是掌握客戶需求；
銷售最需要的精神是真誠；
銷售最需要的心理素質是永不言敗。

前言

銷售是指銷售人員透過推銷或說服等方法，促使顧客採取購買行為的活動過程。銷售與商品同呼吸、共命運，可以這樣說，銷售伴隨著商品的誕生而產生，並伴隨著商品的銷售而發展，商品生產愈發達，銷售就愈為重要。

千萬不要小看銷售人員的工作，他們可是在為企業和社會創造著大量的財富呢！

也許還有很多人不知道原一平是誰，但在日本壽險業，他卻是一個聲名顯赫的人物。日本有近百萬的壽險從業人員，其中很多人不知道全日本二十家壽險公司總經理的姓名，卻沒有一個人不認識原一平。

他的一生充滿傳奇，從被鄉里公認為無可救藥的小太保，最後成為日本保險業連續十五年全國業績第一的「推銷之神」，最窮的時候，他連坐公車的錢都沒有，可是最後，他終於憑藉自己的毅力，成就了自己的事業。

因對日本壽險的卓越貢獻，原一平榮獲日本政府最高殊榮獎，並且成為MDRT（百萬圓桌協會的縮寫，該組織的會員有二萬九千人之多，每個人都是一顆耀眼的星，每個人都有一連串閃

光的故事）的終身會員。

如果把市場經濟營運中的企業比作一列火車，那麼，這列火車行駛速度快慢則取決於銷售人員。廣告、公共關係為銷售創造了有利的環境，營業推廣提供了吸引顧客的有力武器。而與顧客面對面地溝通，實現銷售，則要靠銷售人員的努力。

菲力浦·科特勒在其名著《行銷管理》中引用一項調查結果：二十七%的銷售人員創造了五十二%的銷售額。

影響銷售人員業績高低的因素很多，如市場潛力大小、企業對市場的資源投入、市場的成熟度、產品壽命週期、競爭對手等。但實踐證明，銷售人員才是決定銷售業績高低的關鍵。

銷售成功的人並不是長得漂亮的人；優秀銷售人員也並不都是學歷高的人，原一平不就是小學畢業嗎？優秀銷售人員也不分年齡大小，李嘉誠十七歲做銷售即創出優異成績，齊藤竹之助五十七歲做銷售，七年後就創出世界第一的業績。

優秀銷售人員也和性格是否內向外向無關。一些人認為外向性格的人能成為優秀的銷售人員，但美國年銷售額達十億美元的喬·坎多爾弗是典型的內向性格的人，他形容自己是「唯唯諾諾，見人低頭不敢高聲說話」。

許多人認為優秀銷售人員是吃苦耐勞的人，這種認知不錯，但一位銷售專家告誡：「勤奮的雙腳要走在正確的道路上。」

為了讓更多的人成為優秀的銷售人員，國內外出版了大量的銷售學專著，有力地推動了推銷理論與實踐的發展。儘管如此，對於銷售人員和有志於從事銷售工作的人來說，這些著作仍然太專業。而本書則透過寓言故事的形式，以輕鬆的方式把銷售實戰中的鮮活道理講出來，既有趣味性，又不失理論的指導，同時還有銷售典範可供參考，相信一定能夠受到讀者的歡迎。

目 contents 錄

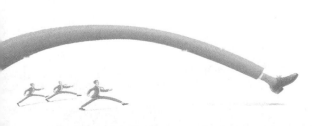

第三章　預想各種問題，見招拆招

目 contents 錄

第六章　細節決定一次成功的銷售

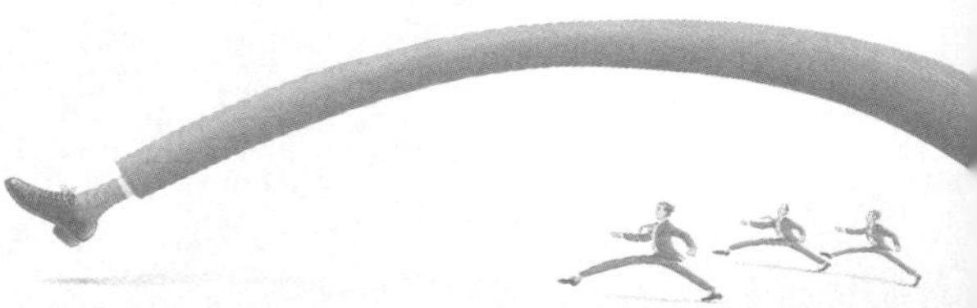

目 contents 錄

第七章 以耐力笑對失敗

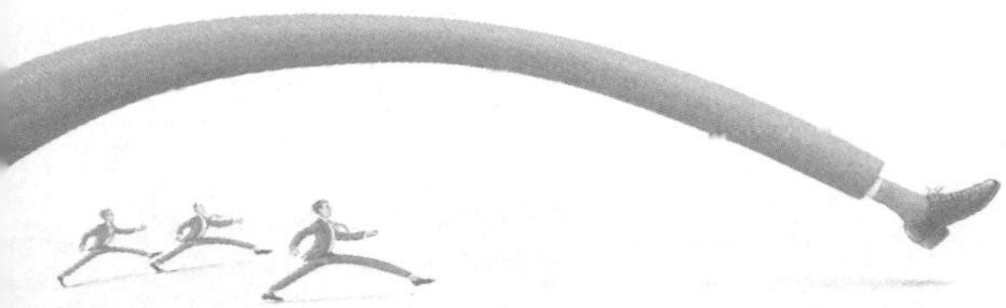

第八章 永不言敗的心理素質

目 contents 錄

第一章　緊緊抓住客戶的需要

銷售人員最大的缺點就是，想將手中的某種特定產品，立刻塞給每個客戶。然而，頂尖高手總是在銷售客戶需要的商品，而不是自己販賣的商品。賣給客戶他們想要的東西，在他們了解你並且信任你之後，你就可以再回來，賣給他們真正需要的東西。

不對客戶「胃口」怎麼行

好的意願未必就有好的結果。

黑貓請山羊吃老鼠

一天，黑貓小弟請山羊大哥到牠家裡去吃飯。

山羊餓著肚子趕到黑貓家裡，黑貓已經擺滿了一桌子豐盛的佳餚：紅燒老鼠肉，油汆老鼠皮，鬆脆老鼠頭，清蒸老鼠大腿……黑貓見山羊如約而到，馬上請牠入席，十分豪氣地說：「大哥吃吧，放開肚皮多吃些，鍋裡還有許多呢。」說著牠自己則抓起一塊老鼠肉有滋有味地大嚼起來。

山羊坐在那兒，儘管肚子餓得咕嚕咕嚕地叫，但面對這一桌豐盛的老鼠宴，卻一點胃口也沒有。

黑貓在一旁催促山羊說：「快吃，快吃呀！我們弟兄還客氣什麼呀？」

「不是客氣，我……我真的不吃老鼠啊。」山羊結結巴巴地說。

【業務重點】必須投其客戶之所好

你覺得黑貓可笑嗎？

好的意願未必有好的結局。就像黑貓雖然辛苦半天，準備了頗為豐盛的「老鼠宴」，但山羊是食草動物，又怎能和牠一起享用這頓美餐呢？

只憑自己主觀的臆測而不做任何事前準備，結局注定會讓你失望。而任何交易都是雙方的事，不知對方心理，很難締成交易，甚至會很難堪。

成功的銷售人員都善於揣摩顧客心理，並不惜改變自己去適應他。投其所好，是抓住客戶的關鍵之一。

國外的一家航空公司在這一點上卻做得非常不好。據說旅客在搭乘飛機時，確實能夠感受到勤務人員的熱情、親切和周到的服務。甚至也有溫馨的一面，比如常常會有奉送令人驚喜的小禮物。可是即便如此，許多經常乘坐此公司飛機的旅客，還是轉而搭乘其競爭對手的飛機了。原來這家航空公司的飛機經常延遲誤點，有時長達一、兩個小時，使許多商務旅客白白耽誤了重要的會議。

我們都知道，航空公司的核心服務是什麼。那就是一定要讓旅客準時而又安全地飛抵目的地。如果連這個最基本的需求都無法滿足，那麼，再熱情的服務怎能打動人，再貼心的禮物又怎能挽留人呢？這些老客戶只能無可奈何地離去。

因此，要樹立真正以顧客為中心的經營理念，企業應從為顧客創造終身價值的高度建立起顧客導向觀念。

完美的銷售是這樣的

能創造出需要，就能創造出業績。
永遠要超乎客戶的期待與需求。

從魚鉤到豪華轎車

一個鄉下來的年輕人應聘成為城裡的「應有盡有」百貨公司的銷售人員。第一天快下班時，老闆問他：「今天做了多少買賣？」

「一筆。」年輕人回答說。

「只有一個訂單？怎麼這麼少？其他售貨員一天基本上可以完成二十到三十單生意呢。你賣了多少錢？」

「三十萬美元。」年輕人回答道。

「你怎麼能賣那麼多錢？」目瞪口呆半晌才回過神來的老闆問道。

年輕人回答說：「一個男士進來買東西，我先賣給他一個小號的魚鉤，然後中號的魚鉤，最後大號的魚鉤。接著，我賣給他小號的魚線，中號的魚線，最後是大號的魚線。我問他上哪兒釣魚，他說海邊。我建議他買條船，所以我帶他到賣船的專櫃，賣給他長二十英尺有兩個發動機的帆船。然後他說他的大眾汽車可能拖不動這麼大的船。我於是帶他去汽車銷售區，賣給他一輛豐田新款豪華型休旅車。」

【業務重點】喚醒自己的開發天賦

年輕人雖然從鄉下來，但由於他抓住了顧客的需要，因此創造出了非凡的業績。這說明，只要充分運用自己的創造天賦，就能夠做好客戶開發的工作。

客戶開發是銷售的開始，它的實質是為商品找到真正的買主。這就要求銷售人員要有很強的創造能力，才能在激烈的市場競爭中出奇制勝。為此，要注意如下兩點：

*1.*要充分發揮自己的創造天賦，以一種「別出心裁」的創新精神來做銷售，不能因循守舊。

*2.*要養成獨立思考的習慣，絕不放過任何可能的嘗試機會，要善於採用新方法、走新的路，這樣，我們的銷售活動才能引起潛在客戶的注意。

從消費者那裡能夠獲得些什麼，這不是你在銷售的時候應該考慮的問題，這個時候你唯一要考慮的是你是否滿足了客戶的需要。你需要錢，但消費者不會因此來購買你的產品。對他來說，沒有什麼理由來購買你的產品！他之所以是你的客戶，是因為他認為需要你的產品，而不是因為你需要錢。只有努力挖掘客戶的需要，才能實現最大限度的銷售。

品質是關鍵的環節

只有形式而無內容，就只不過是一個花架子而已。

啞巴賣刀

有個啞巴在市場上賣刀。由於他不能出聲，無法像一般業務人員一樣吆喝叫賣，於是他坐在地上用刀一截一截地切鐵絲。人們看到其菜刀堅硬無比、削鐵如泥，根本不用多做說明，紛紛掏錢購買，很快就一搶而光。

【業務重點】對產品把關對顧客負責

品質是取信顧客的關鍵。這一點，美國女企業家凱薩琳知道得很清楚。凱薩琳用了短短十幾年的時間，把一個家庭式的小麵包店，變成了現代化大企業。凱薩琳深知，為了在激烈的競爭中名列前茅，贏得人們的信賴，必須要夠硬的品質做保證。

凱薩琳把產品的品質當成自己的生命一樣，要求手下的員工人人把關，不能有一絲一毫的馬虎，以免砸了自己的牌子。她標榜自己的麵包是「最新鮮的食品」。為了取信於消費者，她在包裝上註明了烘製日期，絕不賣過期的麵包。她經常派人把商店裡超過三天的麵包收回來。

如果你推銷的產品本身缺乏說服力，那麼即便你憑藉著高超的推銷技巧推銷出去了，這種買賣又能做多久呢？打一槍換一個地方難道是你的追求嗎？所以，對產品把關就是給自己樹立了良好的信譽。

【典範】優質商品是最好的廣告

馬科思—斯潘公司由麥克爾．馬科思創建於一八八四年，當它走過一百多年的漫長歷程之後，在英國已擁有二百六十多家分店，是英國規模最大、盈利最高的零售連鎖公司，並被公認為歐洲管理最完善的公司之一。該公司管理者獨特的銷售風格，更令企業界推崇備至。

在競爭激烈的市場上，商人們為了招攬顧客，總是大喊大叫，自賣自誇，這是最初的廣告宣傳。而馬科思—斯潘公司的創造人麥克爾．馬科思卻默不作聲，他在自己貨攤上掛起一塊牌子，上面寫著：不用問價，只要一便士。

他在推銷時，不是能賣什麼就賣什麼，而是盡可能地尋找最優質的商品，統一定價，而且任顧客隨意挑選。不久，就樹立了品質優良、價格公道的形象，他的後輩們成功地繼承並發揚了這一傳統。為了保持這種信譽，並且與其他零售商有所區別，他們給公司出售的所有商品都掛起「聖米高」商標。

全英國二百六十多家馬科思—斯潘公司清一色都是「聖米高」牌子的商品，而在其他任何商店中，「聖米高」商品是絕對不可能露面的。

馬科思—斯潘公司不像大多數零售商那樣，向供應商購買成品，而是靠幾百名訓練有素的技術人員與製造商合作，對商品設計、原料選擇、生產工序以及品質檢驗等方面進行研究，按公司的要求製造，確保「聖米高」商品的優越性。

多數的零售商都認定：他們的競爭就是服務品質的競爭。所以總是把優質服務放在第一位：刻意創造優美的環境、布置華麗的店面、訓練口齒伶俐、善解人意的售貨員、提供購物的種種方便等等。

但馬科思—斯潘公司卻從相反的角度看問題：如果你是顧客，跨進商店的目的是什麼？真正需要的是什麼？

答案非常明確，首先是優質商品，其次才是優質服務。所以，馬科思—斯潘公司的開發都是從品質出發。馬科思—斯潘公司認為競爭的焦點仍在於生產即品質而非服務，主要競爭對手不是其他零售連鎖店，而是產品供應商。

正因為如此，馬科思—斯潘公司一反多數銷售商的別人生產什麼就銷售什麼的做法，多年始終堅持參與供應商的經營事務，確保它們生產出來的是市場所需的優質商品。他不無自豪地宣稱：「我們是第一家要求供應商生產消費者需要的產品，而不是他們生產什麼貨、什麼品質，我們就進什麼貨、什麼品質的公司。」

對馬科思—斯潘公司的參與置之不理的個別供應商，因不能滿足公司的要求，馬科思—斯潘公司都堅決地與他們終止業務關係。

奉行品質第一的理念，使得馬科思—斯潘公司聲名大噪。金氏紀錄把它的倫敦分店稱為「世界上貨物銷售得最快的百貨店」。現在，它是英國最大的魚商、鞋商、最大的男士服裝店和最大的衣服出口商。每年營業額達95億美元，是世界上最大的聯營百貨公司。

有了優質的商品，有了響亮的品牌，馬科思—斯潘公司不必花費大量廣告費就能夠獲得經營的成功。正如公司所說：倘若有數以百萬計的人在你的商店川流不息，最有效的宣傳方式是口碑。

隨時準備一頂「高帽子」

人們總是喜歡聽悅耳的話，而這一點常被有心人利用。

一百頂攻城掠地的高帽子

有個京官被調到外地赴任。臨走的時候，要和自己的老師道別。恩師告訴他：「京城裡你還有我照應，現在到了地方，難免會有人要找你生事，你可得多忍著點兒。」

這個京官笑笑說：「老師不要為我擔心，我已經找到了對付這些人的妙法。這些人不都喜歡聽好話嗎？那我就準備一百頂高帽子，見人就送他一頂，諒必不至於有什麼麻煩。」

恩師大概是覺得這樣做不光明正大，就以教訓的口吻對他的學生說：「我曾經三番兩次地告訴過你，做人要正直，即便對與自己合不來的人也該如此，你怎麼能動不動就搞旁門左道呢？」

京官說：「老師您息怒，我這也是沒有辦法的辦法。要知道，天底下像您這樣不喜歡戴高帽的能有幾位呢？」京官的話剛說完，恩師就得意地點了點頭：「你說得倒也是。」

出了老師的家門，京官對他的朋友說：「連我的恩師都不能免俗啊！我準備的一百頂高帽，現在僅剩九十九頂了！」

【業務重點】承認他人的重要性

每個人，包括你和我，都喜歡那些欣賞和關心我們的人。我們都喜歡和認為我們重要的人在一起。是的，人是需要別人對他感興趣的。

我們希望我們的朋友喜歡我們，我們希望自己的觀點被朋友採納，我們渴望聽到真正的讚美，我們希望別人重視我們……因為我們也想得到別人的重視，或者說我們也想別人重視我們。那麼，我們首先要讓我們的朋友知道，我們非常重視他們。

一個能做我們朋友的人，他在某些方面一定會比我們優秀；而一個絕對可以贏得他信任的方法是，以不留痕跡的方法讓他明白，他是個重要人物。

人們最迫切的願望，就是希望自己能受到重視。實際上，每個人都有他的優點，都有值得被他人所學習的長處，承認對方的重要性，並表達由衷的讚美，這樣做能夠化解許多衝突與不愉快。

銷售與眾不同的產品

獨特的產品就像獨特的人一樣，往往更能引人關注。

你能成爲磚瓦工

第二次世界大戰後，美國建築業發展迅猛，磚瓦工價碼看漲，這對眾多的失業者來說是個難得的機遇，一貧如洗的麥克為了生計，此時也由加州來到芝加哥。他看到一則招工廣告後，並沒有投入磚瓦工的競爭洪流中，而是靜候時機。

終於，他看到了成功的機會，並在報紙上刊登了「你能成為磚瓦工」的招生廣告。麥克租了一間店鋪，請來一位瓦工師傅，買來一千五百塊磚頭和一堆砂石作培訓材料，展開起培訓業務來。許多工人蜂擁而至，出高價受訓。

僅十天，麥克就獲利三千美元，在當時那可是一個磚瓦工兩百天的收入。

【業務重點】產品要避免同質化

麥克成功的秘訣是他沒有參與到同質化的競爭中，而是別出心裁、獨樹一幟，看到了新的需求，從而讓自己參與到新產品——培訓課的開發。

在競爭日趨激烈的今天，成功的銷售人員都善於使自己的產品獨樹一幟，或起碼另具特色，使自己的產品在與同行的競爭中佔有較多的優勢。

在琳琅滿目的商品市場裡，銷售人員要在產品的功能、形式和銷售策略上創造出與眾不同之處，並要優於同類競爭者。

同質化使得顧客有較多選擇，而購買意願則反而變弱。顧客會較長時間處在一種猶豫不決的心態中，因而延遲購買時間。只有避免同質化，才能夠對顧客產生強烈的吸引力，從而增加成交的機會。

用事實證明一切

能用事實就證明的事，說得愈多愈讓人可疑。

吹牛的運動員

古希臘有個運動員，比賽成績不行，卻愛吹牛說自己多行多行。由於這些缺點，就被人們指責。他也覺得沒有臉在本地待下去了，只好出外去旅行。過了些日子，他回來後，大肆吹噓說，他在很多別的城市多次參加競賽，勇氣超人。比如他在羅德島曾跳得很遠，連奧林匹克的冠軍都不能與他抗衡。他還說那些當時在場觀看的人們若能到這裡來，就可以給他作證。

這時，旁邊的一個人對他說：「喂，朋友，如果這一切是真的，根本不需要什麼證明人。你把這裡當作是羅德島，你跳吧！」

【業務重點】「做」是根本

一般的人不可能都是完全實在的，在社會上生存，有時會身不由己。

一個銷售人員的好壞，不在於他是否能夠侃侃而談，而主要是看他能否抓住客戶的心。而一個實實在在的銷售人員更能讓客戶放心，讓客戶吃下定心丸。況且還有這樣一句老話說：言多必失。

說多了，難免有那麼一、兩句讓你的客戶猶豫。所以不需要說太多，只要點到即可。**會說話的人多，會做事的人少，只說不做，等於白說，「做」是一切的根本。**

銷售人員從自己做起，用事實說話，首先讓自己成為一個可信之人，然後客戶才相信你的產品是值得信賴的，否則縱使你說得口乾舌燥，也無濟於事。即便僥倖成功，也是「有一沒有二，有三沒有四」。**用事實說話，是最好的銷售方式。**

找到真正的購買者

無論多好的東西，在不需要它的人眼裡，它始終是毫無價值的。

有眼不識泰山

有位銷售人員為了一筆很大的生意，多次訪問客戶，有時甚至談到深夜。最後一次談到深夜，他從客戶家的洗手間出來，走到走廊上，忽然聽到一個老太婆用沉重的語氣對他的客戶說：「說實在的，我不同意。前天他來時，看到我連聲招呼都不打，根本沒有把我放在眼裡！為什麼我非得掏腰包？我活了這麼大把年紀，從未用過電毯，不是也過得很好嗎？東西那麼貴，我可沒錢！」

聽到這話他大吃一驚，恍然大悟，原來這個他前天來時都未正眼瞧的老太太，卻是真正的使用者。他做夢也沒想到這個老太太有購買決定權。

他再也待不下去了，便匆匆告辭。回到家他輾轉反側，不能入睡。怎麼辦呢？怎樣才能緩和老太太的反對情緒呢？他被這個問題困擾著。

有一天，他經過一家電器商店時，突然靈機一動。對，買電毯送給老太太。於是他想辦法去查了資料，得知還有二十天就是老太太的壽辰，便在電毯上繡上「ＸＸＸ老夫人古稀壽辰……」贈與了這位老太太。最後，這位銷售人員終於順利簽下訂單。

【業務重點】誰當家和誰談

不用說，故事中的老太太一定會驚喜一場。可是對銷售人員來說，他掏錢買人情，一是表達敬老之意，但，更重要的是對他自己的懲罰，告誡自己今後再不能這麼「有眼不識泰山」了。

誰是購買的決定者，這是決定著銷售能否成功的關鍵因素。跟沒有購買權的人，無論怎麼拉關係、講交情都無濟於事，至多只能增進友誼罷了。

一個家庭中，究竟誰才是購買決定者呢？這個很難確定。一般來說，按照中國人「男主外，女主內」的傳統，妻子是決定者。有的家庭分工很明確，就是「大件全家商量，小件妻子做主」。有的時候則只有男的有購買決定權，這種家庭一般由男性掌握「財政」大權。因此，對推銷員來說，不要眼睛只盯著他一個人，必須注意他周圍每位都可能對他產生一點影響力的人。

只有找到了真正的購買者，然後你所說的那些動聽的話才不會「對牛彈琴」。

【典範】找對客戶賣對人

日本的新力公司在全球早已大名鼎鼎了。大家都知道，新力公司是憑藉磁帶、錄音機起家的。但是，就像所有白手起家的著名企業一樣，它在剛剛創業時，也有一段比較艱苦和難忘的歲月。

新力公司生產第一代錄音機是在一九五〇年。這種新玩意外表看起來又笨又大，不方便人們搬運。但它卻是設計人員卓越智慧和辛勤汗水的結晶，具有優良的性能。這一點讓新力公司的創始人盛田昭夫自信極了，他想就憑產品的這種史無前例的功效和性能，投入市場後肯定會很有銷路。盛田昭夫的這場黃金美夢不是沒有根據的。

然而，沒過多久，他發現自己的美夢完全破滅了。他原以為，客戶們只要一看到它，就會爭著搶著掏腰包。但是，事實上，一九五〇年時日本剛剛歇戰沒有幾年，經濟蕭條，人民生活水準較低，雖然經過新力公司的大力宣傳，有不少人也覺得它既新鮮又刺激，但大部分老百姓整天發愁的不是怎麼玩，有什麼玩的，而是怎樣去填飽肚子。於是，盛田昭夫的新力公司一度陷入困境。

盛田昭夫雖然受到不小的打擊，可是他唯一不變的就是對自己產品的信心。他陷入了深深的思考之中。怎樣才能打開市場，讓人們需要它，或者說怎樣找出真正需要它的主人呢？

有一天，盛田昭夫邀請一位政府高級官員家裡作客。閒談之中，這位官員臉上露出焦慮的神情，他說：「唉！自從停戰以後，國家的局勢一直不太安穩。各個地方的犯罪率直線上升，各級法院的速記員個個累得罵我們，他們每天都是忙得死去活來，唉！工作量太大了呀！這實在叫人擔心。」盛田昭夫也不住地點頭，他同樣是愁眉苦臉，一副痛苦的樣子。

那位政府官員走後，盛田昭夫又感嘆起自己的生意來了。他可真發愁：現在這樣一種社會狀況，產品要怎麼賣出去啊？忽然，盛田昭夫念頭一動：對了，法院的速記員們整天都忙得團團轉，那他們可以用我們的錄音機來幫助他們提高工作效率，減輕工作負擔嘛！

第二天一早，盛田昭夫就迫不及待地帶上一台錄音機，跑到附近一家法院，找來幾位速記員，當場拿出錄音機演示給他們看。一看一聽之下，這些工作人員個個欣喜若狂，就像遇到了大救星一樣，他們全都強烈表達要求訂購這種新式錄音機。

看到這種情況，盛田昭夫真是喜出望外。他馬上覺得精神百倍，接連又跑了很多家法院。他一遍一遍不厭其煩地給人們講解錄音機的功能和用途，一遍一遍不嫌囉唆地給他們演示錄音機的神奇效果，真是皇天不負苦心人啊！這一天，盛田昭夫總共銷售出去二十多台錄音機。

從法院回家之後，盛田昭夫的思路逐漸開闊起來了。他想：難道除了法院就沒有其他地方用得上錄音機了嗎？突然，盛田昭夫又想到了學校。戰後，日本把英語列為各級學生的必修課，由於這個原因，人們都努力地學習英語，而對於語言這東西，說和聽都是關鍵環節。

於是，盛田昭夫又跑到教育部門遊說，同樣也是辛苦地邊講解邊演示，教會他們用磁帶錄音機聽錄音，然後再反覆練習聽力及發音。這一招果然靈驗，許多教育界人士都認為這真是個學習英語的好辦法，如果將來日本學生的英語成績大大提高，那麼這種錄音機將成為功臣了。

實踐證明：這確實是學習英語的好工具和好幫手。不久以後，全日本幾乎所有的學校在英語教學中都使用了錄音機。盛田昭夫的錄音機因此被搶購一空。這在當時的商界堪稱奇蹟，新力公司由此邁入了一個新的發展階段。

讓商品和節日、流行掛鉤

直線思維讓人們的視線狹窄，而發揮思維卻可以讓你的眼界頓然開闊。

禮物是不計價錢的

再過幾天就是情人節。一位推銷化妝品的銷售人員去了一個顧客的家裡。然而，在當時，他並沒有意識到情人節和自己的禮物有何關係。出來接待他的是男主人，銷售人員勸男主人給夫人買套化妝品，他似乎對此挺感興趣，但就是不說買，也不說不買。銷售人員鼓動了好幾次，那人才說：「我太太不在家。」

這當然是一個不好的信號。忽然，銷售人員在回頭的一剎那，無意中看見不遠處街道拐角的鮮花店門口有一個招牌上寫著：「送給情人的禮物？紅玫瑰。」於是他靈機一動，說道：「先生，情人節馬上就要到了，不知您是否已經給您太太買了禮物。我想，如果您送一套化妝品給您太太，她一定非常高興。」這位先生的眼睛頓時一亮。

銷售人員乘機說：「在您的眼中，您太太當然是最漂亮的，但是難道您不想讓她永保美麗青春嗎？」果然，那位先生笑了，問他多少錢。他回答：「禮物是不計價錢的。」於是一套很貴的化妝品就推銷出去了。後來這位銷售人員如法炮製，成功推銷出數套化妝品。

【業務重點】節日促銷

這位銷售人員急中生智，讓自己的產品和「情人節」掛上了鉤，從而把自己的化妝品當作禮品推銷了出去。

現在，隨著經濟發展和人們生活水準的提高，「節假日經濟」愈來愈流行。各種名目繁多的節日不但讓人們找到機會盡情歡樂，還給商家提供了促銷的好時機。甚至有些節日還是商家炒熱起來的呢！比如傳統的「七夕節」，就被商家炒作成「中國的情人節」，從而使各種禮品大出鋒頭。

對銷售人員來說，把自己的產品和節日掛上鉤，意味著即使你的產品不是客戶所需要的，但它還是會激發顧客的購買慾望。這是由於顧客對於節日的喜愛，使他對與節日相關的東西比其他東西更喜愛一些。這樣就大大增加了你成功的機會。因此，當某個節日來臨的時候，不妨帶上你的產品，到人群中去試試吧！

為顧客推薦最好的產品

誰不希望別人把自己當作一個尊貴的人呢？

好鞋擦好油

一位銷售主管在等轉機的空檔，他看了看自己的皮鞋覺得又該擦鞋了，便來到他常去的那個地方讓人替他擦。

那天，為他提供擦鞋服務的是一個新手。他問到：「是擦一般的鞋油嗎？」

「為什麼不讓我擦最好的，而偏要建議我擦一般的呢？」

「下雨天難免會弄髒皮鞋，所以大多數的人捨不得花兩美元擦最好的油！」

「擦最好的鞋油，不正可以在下雨天保護皮鞋嗎？」

「是這樣的！」

「那你剛才為什麼不建議我擦最好的呢？」

「在下雨天擦皮鞋，很少有人捨得花兩美元呀！」

「如果擦最好的鞋油，既能夠在保護皮鞋上發揮最有效的作用。而且，你不是能賺更多的錢嗎？能多擦幾雙最好的，我想你大概也會很高興吧！」

「完全是這樣的，我也是這樣想的。」

「你想讓我教你幾句能夠使你增加兩倍收入的推銷語言嗎？」

「先生，我從心眼裡想要向您請教，希望把那些能賺錢的語言教給我！」

「當下一位顧客來時，一旦坐在椅子上，你首先應該做的事情，就是注意那個人的皮鞋，然後再看著那個人的眼睛和顏悅色地說：『如果我的估計沒錯的話，依您對鞋子的講究，先生，您一定是讓我為你的皮鞋擦最好的鞋油。』」

【業務重點】推薦最好的是對顧客的尊重

在這裡，傻小子的第一句問話是不合適的，因為它會傷人自尊。銷售主管教給他的話則恰好相反，它能滿足顧客的被尊重需要，面對這樣的問語，恐怕不會有人拒絕擦最好的。

打個比方說吧。你在朋友家作客，你總得說點什麼。當你看到客廳上一幅色彩明麗的山水畫時，你往往情不自禁地讚許道：「這幅畫真不錯，給這客廳平添了幾分神韻，誰買的？真是好眼力！」這句話也許只是你不經意間隨便說出的，但你的朋友一定會感到很欣慰，心中一定很高興。這意味著你對他的品味讚賞。

同樣的道理，為客戶推薦最好的產品也意味著在你的心目中，他是一個尊貴的人，完全配得上你為他提供最好的服務。

因此，不論顧客是否購買，你都應該毫不猶豫地問他：「要最好的嗎？」

第二章　隨時充分準備主動出擊

競爭就是做好充分準備，實現最優表現。事前的充分準備與現場的靈感所綜合出來的力量，往往很容易瓦解堅強對手而獲得成功。準備過和沒有準備過的效果是截然不同的。如果下足了工夫，做好了充分準備，就會在銷售業績表上得到充分表現。

台上一分鐘，台下十年功

銷售是一件十分辛苦的事情，也是一門需要各種才能的藝術。

勤奮的畫家

有個國王想要一張孔雀畫，於是就找了一位著名的畫家來為他畫，畫家說畫這張畫需要一年的時間，請國王耐心等待。

一年後，畫家來見國王，但他手裡並沒有國王需要的東西。國王問他：「畫呢？」「您要的孔雀就快畫好了。」畫家說完，拿出了畫紙，不一會兒工夫就畫出了一隻非常美麗栩栩如生的孔雀。

國王很滿意，不過轉念一想，卻大發雷霆：「就花那麼一會兒工夫的時間，而你看起來也毫不費力、輕而易舉地就畫成了，居然要我等了一年！你到底是什麼居心？你自己說說你該當何罪？」

畫家回答：「尊敬的國王，我怎麼敢欺騙您呢！您看起來不費力、似乎很簡單的事情，卻是花費了我很多的時間和精力，為了在這一會兒時間能為您畫成這隻孔雀，我可是用了一整年的時間準備啊！」

國王不信，於是畫家請國王派人到他的住處看看。果然，每個房間裡都放著一堆畫著孔雀的畫紙。

【業務重點】增加你的知識累積

產品知識包括很多層面。例如，產品的起源，產品是基於何種動機而製造，產品的使用方法，產品的保存方法，與同類競爭產品的比較等等。

而對你來說，最重要的產品知識，並不是站在你的立場來看，而是從客戶的觀點而言，你所銷售的產品能夠給客戶帶來什麼好處。

如果不是這樣，你說出的話即使很有意義，但在客戶聽來，卻變得毫無意義。假設，你銷售的是房子，那麼你就必須了解，客戶希望的是怎樣的房子。比如，是希望堅固又舒適的房子？還是交通方便更為優先？你想摸透客戶的這些需求，而且非常順利地把房子賣出去，你就必須對你銷售的房子具有充分的知識才行。

使你成為優秀銷售人員所需的知識是相當多的，但是，只要下決心獲得那些知識，任何人都可以把它「據為己有」。隨著你對自家銷售的產品知識的增加，就能從客戶的觀點出發，很巧妙地把它銷售出去。你不妨研究一下競爭對手的銷售方法，同行在舉行展示會的時候，你不妨去參觀，看看他們用什麼方式進行銷售。

花架子能少就少

事物的名稱愈多，離它的本來面目就愈遠。

幫貓取名

有個人家裡養了一隻貓，他對這隻貓有說不出的喜歡，就稱牠為「虎貓」。不僅如此，這個人還經常抱著「虎貓」在客人面前炫耀。

有一次，他請客人吃飯。趁空檔的時候，他把貓抱了出來。客人們為了討好他，都爭著搶著說好話。

一個說：「虎雖然勇猛，但是，不如龍神奇。我認為應該叫『龍貓』。」

另一個說：「不妥，不妥。龍雖然神奇，但是沒有雲氣托住，龍升不到天上，所以應該叫『雲貓』。」

還有一個說：「雲氣遮天蔽日，氣象不凡，但是，一陣狂風就可以把它吹得煙消雲散。我

建議叫牠『風貓』。」

又有一個人不服氣了，說：「大風確實威力無比，但是一堵牆壁就可以擋住狂風。不如叫『牆貓』。」

最後，有一個人說話了：「這位的意見我不敢苟同。牆壁對風來說，是可以抵擋一陣，但是跟老鼠一比就不行囉。老鼠可以在牆上打洞。請改名為『鼠貓』。」

這時，一位老人站了起來：「你們啊，爭奇鬥勝，把腦子都搞糊塗了。逮老鼠的是誰？不就是貓嗎！貓就是貓，搞那麼多名堂幹什麼呢！」

【業務重點】產品介紹要務實

從這個故事裡面我們可以看到虛名總要鬧出笑話的。老實並不總是壞事，實事求是才能顯出你的誠意。對銷售人員來說，在為客戶介紹產品的時候就要遵循這條法則。

成功展示產品的基本法則可濃縮成三點，即「展示、說明、發問」。讓潛在客戶看到某種特點和功能，說明這些東西對他們有什麼好處，並且用問題來測試這種特別的好處是否對他們很重要。銷售展示最好的方法之一，就是把每一重點都寫下來，或者依據預先寫好的提綱逐項展示、說明和發問。

當你從一般事項解說到特定的重點時，你便從一般人易懂的簡單事實和觀察，逐漸解說到客戶同意購買前必須先了解的更複雜和特殊狀況。你必須在每個階段都詢問客戶，以確定你們兩個沒有異議。一旦客戶變得不情願或猶疑不定時，你就要暫停說明並且問道：「你對這點有何疑慮？」

當我們被詢問的時候，我們就處於一種要回答的狀況之下。從嬰兒時期開始，我們的父母就訓練我們，別人跟我們說話的時候要回應，問我們問題的時候要回答。到了成年的時候，當別人問我們問題時，我們就會自動地回答。我們可能並不會大聲地回覆，但可能會在心裡回答。假如發問者有很長一段時間不說話，對方最後一定會出聲回答的。

舉例來說，別人問你一個問題：「你開的是哪一種車？」

你毫不需要考慮地就可以立即在心中回答那個問題。你會立即看到車子的形象，你甚至會同時想起你如何買到它，如何地喜歡它，它現在在哪裡，以及它現在車況如何。即使你一句話也不說，這問題本身就會引發一連串的思緒。當你詢問客戶任何問題時，也會發生同樣的狀況。他們即使對你一言不發，也會在心中自我回答。

每天至少拜訪一位客戶

九層之台，起於累土；千里之行，始於足下。

每秒擺一下就對了

有三只鐘，兩只舊鐘，一只新鐘。其中一只舊鐘對新鐘說：「來吧，你也該開始工作了。可是我擔心你在走完三千二百萬次後，恐怕吃不消了。」

「天哪！三千二百萬次！」新鐘吃驚不已。「要我做這麼多的事？」

另一隻舊鐘說：「別聽他胡說八道。不用害怕，你只要每秒鐘『滴答』擺一下就行了。」

「天下哪有這樣簡單的事？」新鐘將信將疑地說：「如果是這樣，我就試試吧。」

【業務重點】不要心急，也不要拖延

只要想著今天我們要做些什麼，明天該做什麼，然後努力去完成，就像那只鐘一樣，每秒「滴答」擺一下，成功的喜悅就會慢慢浸潤我們的生命。

成功並不如你所想像的那樣難，非得要多麼高超的技巧或者是特殊的才能，**成功來自於努力和堅持**。許多人之所以不成功，原因並不在於他們比別人笨，而是他們畏難而退縮，不是今天就解決問題，而是把事情推到遙遠的未來，或者三天打魚，兩天曬網，沒有計畫。

假如你能做到每天至少拜訪一位客戶，那麼你的銷售工作就有了一個良好的開端。如此堅持下去，並且不斷地增加，當你每天要拜訪十位客戶的時候，相信你已經取得了良好的業績。這就好像游泳，誰也不能一下子就游幾千公尺，都得慢慢來才行。

心急不行，拖延也不行，唯一可行的辦法就是像鐘錶一樣，每秒只擺動一下。

永遠都有改進的空間

任何時候，如果喪失了精益求精的興趣，那就離失敗不遠了。

罐子沒有滿

桌子上放著一個裝水的罐子。老師正在給同學們做演示。他往罐子裡裝進鵝卵石，裝到瓶口的時候問學生：「這罐子是不是被裝滿了？」「是！」學生們回答。

他又從桌子下面拿出一袋碎石子，輕輕地從罐口倒下去，接著問學生：「這罐子現在是不是滿的？」學生們沉默了。

他又從桌子下拿出一袋沙子，輕輕地倒進了罐子裡，再問學生：「這個罐子是滿的嗎？」「好像滿了。」同學們回答說。

最後，他又從桌底下拿出一大瓶水，把水倒在看起來已經填滿了的罐子裡。

【業務重點】事先策劃要精益求精

是啊，罐子哪裡會那麼輕易就滿了呢？對銷售人員來說，日常工作中何嘗不是如此呢？我們總是以為時間安排得很滿，自己的工作做得差不多了，但是如果你能夠再用點心，再用點智慧，你會發現還有改善的餘地。

做什麼事沒有策劃是不行的。策劃就是把各種可能的情況都要預想到。想一想自己怎樣在做大小事情的過程中不出漏洞，不遭突然襲擊。銷售人員必須要做到長計畫、細步驟、精安排，這樣才能真正做好銷售工作。

如何制定長期銷售計畫呢？方法很多，一般來說，離不開如下四個步驟：

第一步，設定目標　這一步的關鍵在於：將總目標分解，使之細化。

第二步，進行預測　這一步的關鍵在於：要全面考慮客戶可能的反應以及各種可能的變化。

第三步，構想概要　從大的方面確立自己的應對策略。

第四步，選擇最優方案　透過如上四個步驟，你就能胸有成竹地面對客戶了。

心裡有底臨場才不慌

勝者先勝而後求戰，敗者先戰而後求勝。

不要問事先不知道答案的問題

有位法律系學生上第一堂課，他問了教授一個問題：「如果我想做一個好律師，我最該注意的問題是什麼呢？」

教授告訴他：「有很多問題都很重要，應該予以注意，但是最重要的是：當你盤問證人時，不要問事先不知道答案的問題。」

【業務重點】「二選一」型提問句

律師盤問證人的時候，如果連他自己都不知道答案，那他就不能正確地引導證人走向有利於他的方向，這樣的律師是蹩腳的。同樣的情形也會發生在你身上。因此，相同的訓誡也可以用在銷售上。

你在銷售的時候，應該讓自己的問題盡可能顯得成熟一些，絕對不要問只有「是」與「否」兩個答案的問題，除非你十分肯定答案是「是」。

例如，不要問客戶：「你想買雙門轎車嗎？」

應該這樣說：「你想要雙門還是四門轎車？」

如果你用後面這種二選一的問題，你的客戶就無法拒絕你。相反，如果你用前面的問法，客戶很可能會對你說：「不」。

下面有幾個二選一的問題：

「你比較喜歡三月一日還是三月八日交貨？」

「發票要寄給你還是你的秘書？」

「你要用信用卡還是現金付帳？」

「你要紅色還是藍色的汽車？」

「你要用貨運還是空運？」

上面的這幾個問題，不管客戶怎樣回答，都在你的預設範圍之內。只有這樣，銷售人員才可以順利做成一筆生意。

你可以站在客戶的立場來想這些問題，如果你告訴銷售人員想要藍色的車子，你會開票付款，希望三月八日把貨運送到，這時就很難再說：「噢，我沒說我今天就要買。我得考慮一下。」

主動出擊發現藍海

高度競爭的市場是「紅海」，避開「紅海」開發新市場不失為一種有效戰略。

愈高的地方競爭對手愈少

有兩個兄弟從小就失去了父母，長大後當起了小商販。有一年夏天，弟弟對哥哥說：「總在我們這個村附近銷售商品也不是辦法，我們應該到更遠的地方去尋找市場。」哥哥表示同意。

於是他們辛辛苦苦地翻山越嶺，滿懷希望準備到另一個村子裡做買賣。天氣特別熱，另一個村子又與他們相距很遠，汗水濕透了他們的衣服，熱得受不了的哥哥擦著滿身的汗說：「太熱了！以後再也不要到這種地方做生意了。」

這個時候，正爬得高興的弟弟笑著回答他的哥哥說：「你怎麼這樣說呢？我還希望這座山如果再高好幾倍，那該有多好。」哥哥不以為然，抱怨地說：「你爬糊塗了，山當然要愈低愈

好。」

弟弟說：「如果山很高的話，許多商人都會知難而退，那麼我們就可以多做一些生意，賺更多的錢了。」

聽了這句話，當哥哥的不由地連連點頭。

【業務重點】偏僻的地方也有顧客

這是個積極開拓市場的例子。作為一個銷售人員，有沒有像故事中的弟弟這樣想問題呢？我們的許多銷售人員都想去做容易做的業務，可是有沒有想過這個業務自己容易做，別人也容易做的道理呢？弟弟的話說得很對，我們也應該去做比較艱難的，那既是對自身的一個挑戰，又能從中獲取巨大的利潤。

史威濟是一個非常喜歡打獵和釣魚的人。他經常過的生活就是帶著釣竿和獵槍，步行到森林裡，並在那裡過上幾天再回來。

然而由於他的工作是銷售保險，所以他並沒有許多的時間去過這種為他自己所喜歡的生活，為此，他常常悶悶不樂。然而，有一天他終於靈光一閃，想到了一個好辦法。當他依依不捨地離開心愛的鱸魚湖，準備打道回府時突發異想：在這荒山野地裡會不會也有居民需要保險？

那不就可以同時工作又能在戶外逍遙了嗎？經過調查，他發現果真有這種人，他們是散居在鐵路沿線附近的鐵路工人、獵人和淘金者。

這是一個讓他興奮不已的重大發現，他高興極了。不過，他遇到了新問題，那就是怎麼變成現實呢？史威濟陷入了苦思，最後他決定立即行動。他一方面向公司申請在鐵路沿線發展客戶，另一方面去拜訪鐵路工人。他沿著鐵路走了好幾個來回，成了那些與世隔絕的家庭最受歡迎的人。最終結果令人驚訝：在不到一年的時間內，史威濟做成了上百萬元的生意，同時也獲得了極大的榮譽和成功。

【典範】思路靈活才有出路

一種商品如果利潤豐厚，便會有很多人從事生產，由於競爭的原因，此時的商品便會由供不應求轉為供過於求。這個時候，銷售人員有兩個選擇：要嘛轉而銷售別的產品，要嘛轉換銷售思路，以獨出心裁的銷售思路打開局面。

吉爾若．鮑洛維斯便是這方面的傑出典型。他由一個出身寒微的銷售人員白手起家，在僅僅二十年的時間內便成為一個擁有億萬家產的巨富，可以說創造了商界的一個奇蹟，在這其中，他不同常人的銷售思路產生了至關重要的作用！

吉爾若．鮑洛維斯很早就顯露出他出色的商業天賦。

十幾歲時，他的生活貧困，他不得不做生意賺錢。當時，有不少遊客到他居住的礦區參觀，通常都會帶點紀念品回去。鮑洛維斯從中發現了商機，他找了許多形狀各異的鐵礦片，向遊客兜售，引起了遊客們極大的興趣，紛紛掏錢購買。

其他孩子看到有利潤可賺，於是競相仿效，和他爭搶客戶。鮑洛維斯決心想辦法壓過對手，經過精心思索，他把精選的鐵礦片，放在一個玻璃瓶裡，在陽光的照耀下，五顏六色的鐵礦片發出絢麗奪目的光澤，簡直可以和精美的工藝品相媲美，吸引遊客們爭相搶購，他乘機將價格提高四倍。儘管這段經歷極為短暫，但童年的鮑洛維斯卻從中受益匪淺。

後來，他到了一家食品連鎖店的分店，在那裡，他找了一份送貨員的差事。他一邊工作養家餬口，一邊讀書提升自己。

食品店經理看他頭腦靈活善於向客戶銷售商品，便讓他做了食品銷售人員。他的銷售業績在當時是最高的，因此驚動了公司高層，以至於連鎖店的總裁大衛．波爾薩斯親自下來考察。結果發現：鮑洛維斯不僅能以自己的熱情感染客戶，而且具有獨特的銷售眼光，確實是一個難得的銷售人才，於是他一再囑咐分店經理，要對其重用和不斷培養。

很快，鮑洛維斯便成了波爾薩斯連鎖店的銷售專家，不少別人費盡心思也處理不好的銷售上的難題，他都能迎刃而解。他因此被波爾薩斯調到了總店，讓他在繁華的鬧市賣水果，由於地段繁華，水果攤一個連著一個，生意非常競爭。更讓人頭疼的是，他的攤位對面便是這裡的霸主：這個攤位不僅大，而且品種多，招牌響亮，這就更增加了他生意的難度。

偏偏就在這個時候，店裡失火，有二十箱香蕉被大火烤得表皮發黃，還沾上了許多小黑點。波爾薩斯讓他降價出售，雖然如此，可是他無論怎樣鼓動如簧之巧舌，也一樣沒有客戶願意買這種香蕉。萬般無奈之下，鮑洛維斯又檢查了一遍香蕉，發現品質未變；大概經火烤過的緣故，吃起來反倒別有一番風味。

他不由得靈機一動，計上心來。第二天一早，他便高聲叫賣：快來買呀，快來買！最新進口的南美香蕉，獨特南美風味，全城僅此一家，限期銷售。水果攤周圍很快便圍攏了許多人。鮑洛維斯極盡鼓吹之能事，說得大家都覺得不買這香蕉領略一下這種獨特的南美風味簡直是一大憾事。二十箱香蕉不但很快銷售一空，而且高出市場價格一倍。鮑洛維斯從中嘗到了經商的樂趣，意識到了自己的商業才能，也激發了他對銷售的興趣。

後來，一家頗有名氣的美國南部的公司因其無法打入北部地方，想要物色一個傑出的銷售人員幫他們打開北方市場，鮑洛維斯進入了他們的公司。鮑洛維斯接受了這個職務，但他提出接受這個職務的附加條件：他的報酬由公司採用佣金方式支付，佣金的提成比例是利潤的五十％。這樣高的佣金比例前所未有，那家公司覺得難以接受，但是鮑洛維斯確實是可以勝任這一職務的最佳人選，為了盡快打入北方地區，於是被迫接受了這一條件。當時，鮑洛維斯只有十九歲。

鮑洛維斯年紀輕輕便能有如此非凡的成就，其中最重要的一點就是他非常講究銷售的藝術，注意在恰當的時機選擇恰當的銷售思路。在他看來，只要有策略地使自己的銷售思路隨著銷售局面的變化而變化，就能在激烈的商業競爭中立於不敗之地。

跳出窠臼看問題

做銷售不能坐在家裡閉門造車，要大膽地邁開腳步走出去，從產品、消費者、銷售的角度多方面考慮問題，絕不能自以為是。

誰有病？

從前有個地方叫南岐，這個地方坐落在陝西一帶的山谷中。由於特殊的地理位置，那裡的居民很少跟山外人交往。南岐的水很甜，但是缺碘。常年飲用這種水就會得大脖子病。因此，南岐人沒有一個脖子不大的。

有一天，從山外來了一個人。這個人脖子好好的，沒有一點毛病，然而南岐的居民們卻覺得奇怪。他們都說：「你有病啊。」

這個人問：「我有何病？」

南岐人說：「你的脖子太細了呀，這很不正常的，希望你盡早醫治為是。」

外地人聽了，就笑著說：「你們的脖子才有病呢，那叫大脖子病！你們有病不治，反而來譏笑我的脖子，豈不可笑！」然而南岐人卻堅持認為自己沒病，是外地人有病。

【業務重點】做好市場調查

一個人如果閉關自守、孤陋寡聞到南岐人這樣的地步，那就只能落得一個眼光短淺、盲目自大的地步。甚至發展到是非顛倒，黑白混淆的地步。如果我們做銷售工作也是這樣的話，那就只能「喝西北風」了。銷售要想做得好，首先得認真細緻地調查市場。

走出狹小的活動範圍，到人更多的地方，銷售的成功機率才能大大提高。從市場調查中尋找準客戶是在更大的區域和更廣的視野內實現銷售戰略的方法。打個比方來說，如果從企業內部和從已有客戶及親友中尋找客戶是「用魚竿釣魚」，那麼，從市場調查中搜索準客戶則是「用魚網打魚」，這種方法面廣集中，往往容易取得較好的銷售業績，找到更多的潛在客戶。

帶著希望啟程

人生的旅途上，需要攜帶的東西很多，
但有一樣東西千萬別遺忘，那就是希望。

我只有一個財寶

羅馬王凱撒出征打仗的時候，每次都會把自己的所有珍寶全部拿出來分贈給自己的手下，而自己只是帶上寶刀和弓箭。

他的一位大臣困惑不解地問他：「陛下何不留下這些東西等回來繼續享用呢？」

凱撒大帝答道：「我的財寶在敵人那裡，只有勝利才能為我帶來財寶，我的財寶要從戰場上獲得。」

【業務重點】希望是前進的動力

凱撒大帝真可以說是人中豪傑，他充滿希望的話語激勵著戰士們衝鋒陷陣。「哀莫大於心死」。對一個銷售人員來說，最可怕的是失去希望。人有了希望，才有寄託。

保持希望的銷售人員是有力量的。希望是寶貴的，它猶如孕育生命的種子。有了希望，人就像有了太陽，感到渾身充滿陽光，生活美好，天藍雲白，連呼吸都是美好的。即便某種陰暗的現象、某種困難出現在你的面前時，你也會主動地戰勝它，而不是一味等死。希望讓一個人更加主動地做事。主動是為了給自己增加機會，增加鍛鍊自己的機會，增加實現自我價值的機會。

第三章　預想各種問題，見招拆招

銷售人員在銷售過程中會遇到千奇百怪的人事物，如拘泥於一般的原則不會變通，往往導致銷售失敗。這就需要銷售人員具有敏銳的洞察力和靈活機動的反應能力，體會客戶套話後面的本質需要，分辨虛假異議後面的真實企圖，抓住簽單成交的最佳時機。

尷尬時不妨自我解嘲

自我解嘲是一種無可奈何下的故作輕鬆。

屠夫的尷尬

野狗溜進肉店裡，趁屠夫正忙得不可開交的時候，偷了一個豬心就跑。屠夫回過頭來，看見狗正在逃，便說：「餵，你這畜牲，你記清楚，今後不論你跑到哪裡，我都會留心提防著，你偷走了我一個豬心，卻把另一個心給了我，那就是『留心』。」

【業務重點】用幽默化解尷尬

在銷售的過程中，經常會遭遇尷尬，比如叫錯潛在客戶和客戶的名字，在會面時忘記了一個重要的名字或重要事實，在進行銷售拜訪時，碰灑咖啡或者茶水，在銷售會面後發現午飯吃的菠菜卡在牙縫……無疑這些都有可能使你的銷售功虧一簣。

在遭遇這些尷尬時，你該怎麼辦？成功的銷售人員認為，只要運用幽默的語言，就可輕鬆化解這些尷尬。

有位顧客想為難女服務員，就說：「服務員，我要兩盤牡蠣！記住，不要那種太大的或是太小的，也不要太老的或太嫩的，而且，現在就給我拿上來，懂了嗎？」

服務員機智的回答：「聽您的吩咐。順便問一下，先生，您是要帶珍珠的，還是不帶珍珠的？」

這一幽默的反問，使得男顧客無言以對，反而佩服和尊重女服務員，不得不莊重地修改自己的要求。

可見，巧用幽默，可以化解尷尬，從而拉近你和顧客之間的距離。

培養自己的判斷力

一名銷售人員除了需要掌握各種找準客戶的技巧外，觀察力與判斷力也不能少。

驚弓之鳥

從前有個人叫更嬴，他善於射箭。有一次，他陪同魏王散步，看見遠處有一隻大雁飛來。他對魏王說：「我不用箭，只要虛拉弓弦，就可以讓那隻飛鳥跌落下來。」魏王聽了，不怎麼相信，就叫他表演一下。

不一會兒，那隻大雁飛到了頭頂上空。只見更嬴拉弓扣弦，隨著蹦地一聲弦響，只見大雁先是向高處猛地一竄，隨後在空中無力地撲打幾下，便一頭栽落下來。

魏王問他：「難道一個人的箭術會如此高明嗎？」更嬴說：「不是我的箭術高超，而是因為這隻大雁身有隱傷。」

魏王更奇怪了：「大雁遠在天邊，你怎麼會知道牠有隱傷呢？」

更贏說：「這隻大雁飛得很慢，鳴聲悲涼。根據我的經驗，飛得慢，是因為牠體內有傷；鳴聲悲，是因為它長久失群。所以一聽見尖利的弓弦響聲便驚逃高飛。由於急拍雙翅，用力過猛，引起舊傷迸裂，才跌落下來的。」

【業務重點】為潛在客戶分級

細緻的觀察、嚴密的分析、準確的判斷是更贏虛拉弓弦就能射落大雁的原因。這種觀察、分析、判斷的能力，只有透過長期刻苦的學習和實踐才能培養出來。

觀察就是運用你的視覺、聽覺，多看多聽，多請教別人。銷售人員透過觀察能發現許多潛在客戶。潛在的客戶可分為A、B、C三級。A級是最有希望的客戶；B級是有可能的購買者；C級是購買希望不大者。銷售人員必須運用敏銳的觀察力發現潛在的客戶，然後用你正確的判斷力將潛在的客戶分級，並登記入冊，以備訪問之用。

巧藉他力的幫助

銷售如果要快速成功，首先要尋找那些對自己的銷售有幫助的人物。

在公園養鴿子

有一個人從小就喜歡鴿子。他平時沒事做就餵養鴿子。為了讓鴿子吃好，他寧可自己省吃儉用。隨著鴿群隊伍的逐漸增大，他的經濟狀況愈來愈拮据。到底怎麼辦呢？說實話，他也沒什麼好辦法。旁人都勸他把鴿子賣了算了，然而他說什麼都不要。

直到這麼一天，他被離家不遠的公園裡的幾隻小鳥觸動了靈感。幾隻不知何時在此安家落戶的野鳥，憑藉著遊客的照料，竟然也活得挺好。見此情景，這個人聯想到了自己的一群鴿子，論靈巧、馴服自然要遠遠勝過那些野鳥，為什麼不放到公園裡去呢？

於是，在一個假日，這個人將自己的鴿子帶到公園。果然不出所料，前來遊玩的客人們紛紛將玉米花拋向鴿子，有人還趁機照相。一天下來，鴿子吃飽了，省下了一天的飼料錢。以後，只要是週末或節假日，鴿子們都有人「請客吃飯」，省卻了主人的一筆開銷。

年輕人沒有就此滿足，因為他想到了一個更加絕妙的主意，就是在公園裡出售袋裝飼料，收入居然超過了原來薪水，又省卻了餵養鴿子的大筆開銷，同時可以終日逗弄心愛的鴿子，真可謂「一舉數得」。

【業務重點】說服那些有影響力的人

年輕人用遊客的錢餵自己的鴿子，同時還可獲利，這一巧妙的暗借，真是將諸葛亮的「草船借箭」妙計繼承並發揮得淋漓盡致。對銷售來說，最有效的借力就是藉有影響力的人的力。有影響力的人，通常會有一個組織，或是有一群接受他影響的朋友。如果你能說服有影響力的人就能影響一群人。

說服一個有影響力的人，勝過影響十個普通人。比如藥品銷售人員應該取得醫生的信任與合作，他們是影響病人的中心人物，教師是學生的中心人物，明星是追星族、崇拜者的中心人物等等。中心人物在一定範圍內有較大的影響和帶動性，有著廣泛的聯繫和較強的交際能力，並且消息靈通。

銷售人員選擇了一批有影響力的人之後，還應經常與他們保持聯繫，爭取透過多種途徑建

立起一種穩定、融洽的關係。比如經常徵詢這些人對產品的意見，對他們的合作與幫助給予合理的報酬，定期表示感謝，贈送節日禮物或周年紀念賀卡，經常有禮貌地打電話問候，介紹可能會再次引起雙方共同興趣的產品等等。

多去說服這些有影響力的人物，讓他們為你的顧客見證，會使你的影響力愈來愈大，你的業績的提升也會很快。

【典範】利用名目大作文章

英國第一個億萬富翁是被譽為「和平鴿之父」的查理·菲勒布斯。想當年，年僅二十歲的查理·菲勒布斯創建了英國第一家房地產公司——得利昂斯城有限公司，並擔任該公司的總裁。

他透過銀行貸款，以每平方公尺八十五美元的低廉價格，買下了倫敦市中心的某塊地皮，開始建造高達五十七層的國際貿易大廈。十六個月後，大廈竣工了。為盡快找到買主，查理·菲勒布斯花費巨額資金在各電視台、報紙上連篇累牘地刊登廣告，但是，人們均半信半疑，購買者寥寥無幾。這著實令查理·菲勒布斯頭疼，怎麼樣才能提高大廈的聲望，讓人們購買呢？

一天，查理·菲勒布斯正在和公關顧問史密斯先生商量對策。一名秘書匆匆從大廈趕來，向查理·菲勒布斯報告了一個需要緊急處理的事情，原來公司的清潔人員在打掃房間時，發現大廈最高層的幾個房間裡，來了一大群鴿子，逗留了數日也沒有飛走，原因還未查明。

查理．菲勒布斯馬上起身和史密斯去看個究竟。來到大廈最高層後，剛打開門，幾隻白色的鴿子就迎面飛來，落在查理．菲勤布斯和工作人員的肩膀上，嘰嘰喳喳地叫個不停。這可真是個天賜良機，查理．菲勒布斯靈機一動，馬上有了對策。

他吩咐工作人員關緊門窗，不要放走一隻鴿子，並且在鴿子逗留期間要好好餵養，不得傷害鴿子。然後，他以保護鳥類為名，請倫敦動物園的工作人員前來將鴿子帶走。最後，又透過公關部打電話通知全市的新聞媒體，說本公司將有重大事情發生，讓記者前來報導。

倫敦動物園接到邀請後，立即派工作人員帶上網兜前來展開捕捉工作。各新聞媒體接到消息後，也認為這是一條不可多得的有趣新聞，紛紛派出文字、攝影記者來報導這次的捕鴿活動。

這次捕鴿活動受到了空前的重視，前後共用了三天。

利用這三天時間，查理．菲勒布斯和國際貿易大廈在電視台和報紙等新聞媒體上頻頻亮相，並且在捕鴿活動的跟蹤報導中對國際貿易大廈的地理位置、室內設施、商業用途、購買優惠條件等做了一連串介紹。國際貿易大廈的知名度大大提高，在建築領域，猶如一匹橫空出世的黑馬。在報導後的一個月內，商人們紛紛出資，整個大廈銷售一空。查理．菲勒布斯利用鴿子創造了銷售奇蹟。

有「禮」走遍天下

自尊在禮節中是最微不足道的，彬彬有禮是有教養和友好的表示，也是對他人的權利和情感的尊重。

及時道歉的原一平

日本銷售之神原一平，有一天去一家菸酒店拜訪。這家菸酒店是剛剛簽約成功的新客戶，由於已成為客戶，而如今是第二次拜訪，所以原一平穿著自然比較輕鬆隨便，把原來頭上端端正正的帽子都戴歪了。

原一平一邊說晚安，一邊拉開玻璃門，應聲而出的是菸酒店的小老闆，他是老闆的大兒子，雖然是小老闆，但年紀已經不小了。

小老闆一見原一平一派輕鬆的模樣，就生氣地大叫起來：「喂，你這是什麼態度，你懂不懂得禮貌，歪戴著帽子跟我講話，你真是個大混蛋。我是信任明治保險，也信任你，所以才投了保，誰知我所信賴公司的員工，竟然這麼隨便無禮。」

聽完這句話，原一平立刻鞠躬道歉：「唉！我實在慚愧極了，因為你已經投保，把你當成自己人，所以太任性隨便了，請你原諒我。」原一平繼續道歉說：「我的態度實在太魯莽了，不過我是帶著向親人請教的心情來拜訪你的，絕沒有輕視你的意思，所以請你原諒我好嗎？千錯萬錯，都是我的錯，請你息怒跟我握手好嗎？」

小老闆突然轉怒為笑；「喂，不要老鞠躬，直起腰吧，其實我大聲責罵你也太過分了。」他握住原一平的雙手，說：「慚愧！慚愧！太魯莽無禮了。」

之後兩人愈談愈投機。小老闆說：「我向你大發脾氣，實在太過分了一點，我看這樣吧！上次我不是投保了五千元嗎？我看就增加到三萬元好啦！」

【業務重點】犯了錯誤要及時挽救

推銷成功的關鍵在於銷售人員能否抓住顧客心理。顧客愛好、性格不同，有忙碌也有閒暇的時候，有開心也有沮喪的時候。因此，如果不善於察言觀色的話，生意一定無法成交。銷售人員既要了解顧客的微妙心理，也要善於選擇適當的時機採取行動。這就需要對顧客的情況瞭若指掌，那些不關心顧客的銷售人員，是無法把握和創造機會的。

這個世界上沒有聖人，誰都會有犯錯的時候。問題不在於犯不犯錯誤，而是犯錯誤之後，要懂得隨機應變，並且做出最快速的反應。

銷售人員隨時要有心理準備，萬一碰到類似的情況，如果沒法猜測準客戶的心態，必須做出最迅速而正確的反應，扭轉劣勢，反敗為勝。

讓一種產品可以創造多種需要

事物的價值因為人們的需要不同而有所改變。

賣重量還是賣造型

兩個開山的人各擁有一大堆石頭。怎樣處理這些石頭呢？

一個人按照常規的方式，把石塊砸成石子運到工地，賣給蓋房子的人，賺的錢寥寥無幾幾乎只剩工錢而已。

而另一個則大膽開拓，他看到石頭總是奇形怪狀，認為賣重量不如賣造型。他拿著石頭為他們鑲上基座，來到一所美術學院擺攤，結果受到了學生的熱烈歡迎，他一看石頭如此受到歡迎，乾脆在學校旁開了一家店，結果生意興隆。

【業務重點】思維靈活意識超前

思維方式決定著你的銷售是否成功。你具有機智、靈活的思維方式，那麼你的銷售點子也會與眾不同；你的思維固定在傳統保守的位置上，你的銷售只能是亦步亦趨，毫無技巧可言。從某種意義上說，具有超前意識的思維是銷售技巧的先鋒官。

最初在美國的服裝市場上推出了一款非常寬鬆的褲子，這種褲子前後都有幾個口袋，並且褲管下面是收到一起的。好多年輕人剛開始並不能接受，因為這種褲子穿上去像一個啤酒桶一樣的粗大，所以，在市場上的銷售量並不是太好。於是商家想在當時最流行的舞蹈——街舞上找突破點。

銷售人員就讓一群穿著這種寬鬆式的肥腿褲子的人，在一個商場的前面跳街舞，那漂亮的舞步和動感的節奏，立即吸引了不少時尚的年輕人，後來，這種寬鬆的肥腿褲子賣得特別好，並且成為了一種時尚和潮流。

看來，只要找到賣點，即便是普通的東西也能夠賣個好價錢。

換個新名稱就是一種新感覺

過去是賣產品，現在是賣感覺。

情侶蘋果

一個老婦人在一所大學旁邊擺了一個賣蘋果的攤子。兩筐大蘋果擺了一天，因為天寒，問者寥寥無幾。幾個學生見此情形，想幫老婦人的忙。於是他們商量後到附近商店買來紅彩帶，一起將蘋果兩兩一紮，接著高叫道：「情侶蘋果喲！一百元一對！」經過這裡的情侶們甚覺新鮮，用紅彩帶紮在一起的一對對蘋果很有情趣，因而買者甚眾，不一會，蘋果便盡數賣光。

【業務重點】賣的就是感覺

學生的成功在於為產品賦予了人的情感。透過不同的形式，讓顧客獲得一種美好的感覺，

就會大大增加銷售成功的可能。

有一位老銷售人員對他的新同事說：「這會兒如果你出去賣檸檬，你會怎麼做？」新同事說：「我就喊『買我的檸檬吧！』要不就喊『檸檬大拍賣啦！』」老銷售人員說：「不，你應該說『看看這些漂亮的檸檬吧，把它帶回家，一切開就會看到陽光的影子，您可享受到最新鮮、充滿維生素的檸檬汁。』」

老銷售人員的說法顯然能夠讓人們對檸檬的感覺更細緻深刻，這就能夠起到激發顧客購買慾望的效果。

著名推銷人喬．吉拉德說：「我不是在推銷產品，而是在推銷一種感覺。」

比如，精明的服裝銷售人員要是看到一位顧客很欣賞一套西服時，他會把它取下來，對顧客說：「那邊有試衣間，您不妨穿上看看。」當顧客出來的時候，他會指著一面鏡子說：「先生，您來照照。這西服的顏色多棒！」這個時候，顧客也會自我感覺非常好。那麼，他就會從一個意見未定者轉變成一個堅定的購買者。

絕不推卸責任

人總是有一種知恩必報的心理，顧客在這裡獲得禮遇，必將找機會給予報答。

打破的一瓶酒

一對夫婦在紐約一家超市購物，太太推著採購車只顧瀏覽琳琅滿目的商品，一不小心，採購車撞到貨架上，「乒」的一聲，一瓶茅台酒應聲落地，散發著濃醇香味的茅台酒和潔白的瓷瓶碎片濺滿一地。

太太頓時驚得面色發白，先生也手足無措，兩人向售貨小姐道歉，並表示願意賠償。沒想到那位小姐不僅沒責怪，反而連聲說：「對不起，由於我沒能照顧好先生和夫人，讓你們受驚了。」她立即打電話向經理通報事故。

一會兒，超市的經理微笑地走來，並謙恭地說：「我已知道了剛才發生的一切。我的職員沒有將貨架放穩，這是她的過錯。令兩位受驚，責任在我。」當看到先生的褲腿上還殘留著點點酒斑時，他立即掏出雪白的手帕替他擦拭，並一再致歉，不僅沒讓他們賠償損失，還親自陪同他們選購商品，最後親自送他倆離開超市。

也許是出於對經理的回報，這一次夫婦二人幾乎將囊中所有的錢全花在這家超市裡，回家時裝了滿滿一車貨物。此後每週一次購物，他倆不用商議，便駕車直奔這家超市。當他倆離開紐約時，粗略估算了一下，他倆在這家超市購物的總金額比這瓶茅台酒的價值要高出一百倍！

【業務重點】在吃虧中獲利

看來，紐約這家超市的經理深知小損失能招來大生意的內涵。他這樣處理問題的方式，必然會給人一種親切感，叫人難以忘懷，最後能為自己招來更多的生意。

銷售人員要識大體。顧客總希望獲得的東西物美價廉，甚至最好是免費白送。把握顧客的這個心理，你就可以做一個聰明的吃虧人，從吃虧中獲得優厚的報酬。

美國加州有位青年，家境貧困，從小到處做工，靠省吃儉用，在二十五歲時累積了一筆錢，便開始做家庭日用品的買賣。

他在一家一流的婦女雜誌上刊載了他的「一美元商品」廣告，所登的都是有名的大廠商的產品，而且都是實用的。其中二十%的商品的進貨價格都超出一美元，八十%的商品進貨價格等於或低於一美元。所以雜誌一刊登出來，訂貨單就雪片似地飛來，他忙得喘不過氣來。

他並沒有什麼資金，而這種做法也不需要什麼資金，因為客戶匯款來，他用收來的錢去買貨就行了，當然，匯款愈多，他的虧損也就愈多。但他並不傻，在寄商品給顧客時，他又附帶寄去了二十種三～十美元之間的商品目錄和圖解說明，並附上了一張空白匯款單。

這種吃虧就是佔便宜的經營手法給他帶來了驚人的收入，三年後，他的銷售額達到了五千萬美元。

銷售人員要樹立這種觀念：吃虧有時就是獲利的開始。

第四章　提升服務超乎客戶期待

銷售是企業透過產品最終獲取利潤的最重要的環節。提升銷售，不僅產品要合理、實惠、夠便宜，更要實實在在思顧客之所思，想顧客之所想。服務周到了，還怕銷售不出去嗎？服務就是建立根據地，沒有根據地，你就無法擴大銷售。

不要欺騙你的顧客

源頭如果渾濁，那麼水流也不會清；行為如果沒有信譽，那麼名聲也好不了。

捕鳥人欺騙了冠雀

捕鳥人裝好了網，準備捕鳥。冠雀老遠就看見了，便問他在做什麼。他說正在建造一座漂亮的城市，說完就跑到遠處躲藏起來。

冠雀信以為真，毫不遲疑地飛進網內，結果被捉住了。捕鳥人跑來捉冠雀時，冠雀說：「喂，朋友，你建造這樣的城市，絕不會有更多的居民。」

【業務重點】做一個守信的人

買賣不是一次做完就結束了。所以精明的人絕不會為一時之利而喪失自己苦心累積的信譽。如果你想使你的銷售不斷發展壯大，就必須學會嚴守諾言，即使有天大的困難，有天大的損失，也要想盡一切辦法，用盡一切力量去嚴守自己對客戶的承諾。如果你違背了自己的承諾，就會失去同行和顧客的信任。

很久以前，美國麥當勞在日本的代理人和一家猶太人創辦的公司簽訂了一項訂貨契約，由於偶然的事件，導致無法如期交貨。為了嚴守契約，如期交貨，他們不惜花高價租用飛機緊急運送貨物，終於使貨物如期到達。這件事，在猶太人中產生了極大的影響，在以後的時間裡，只要有猶太人想在日本拓展餐飲業市場，都一定找他們幫忙。於是，他們獲得了麥當勞在日本的總代理權，進而發展成為今日麥當勞的連鎖店。

可見，信譽並非一種虛名，而是與你的生存和發展緊密相關。

【典範】說真話的戴爾．卡內基

一九〇八年四月，國際函授學校丹佛分校經銷商的辦公室裡，戴爾．卡內基正在應徵銷售員的工作。經理約翰．艾蘭奇先生看看眼前這位身材瘦弱、臉色蒼白的年輕人，忍不住搖了搖頭。因為從外表看，這個相貌毫不出眾的年輕人顯示不出特別的銷售魅力。

在問了姓名和學歷後，約翰．艾蘭奇先生又問道：「你以前做過推銷工作嗎？」

「沒有！」卡內基如實答道。

「那麼，現在請回答幾個有關銷售的問題。」約翰．艾蘭奇先生開始正式測試，「推銷人員的目的是什麼？」

「讓消費者了解產品，從而心甘情願地購買這種對他有幫助的東西。」戴爾不假思索地答道。

艾蘭奇先生點點頭，接著問：「你有什麼辦法把打字機推銷給農場主嗎？」

戴爾．卡內基稍加思索，便很認真地回答道：「抱歉，先生，我沒辦法把這種產品推銷給農場主，因為他們根本就不需要。」

艾蘭奇激動地從椅子上站起來，興奮地拍著卡內基的肩膀說：「很好，年輕人，你通過了我們公司的應聘，我想你會出類拔萃的！」

艾蘭奇心中已認定戴爾將是一個出色的推銷人員，因為「把打字機推銷給農場主」的這個問題，只有戴爾的答案令他滿意。以前的應徵者總是胡亂編造一些辦法，但實際上絕對行不通，因為他們沒有掌握到推銷的關鍵，誰願意買自己根本不需要的東西呢？設法編造謊言欺瞞顧客是無法讓企業基業長青的。

服務再多做一點

突破不了客戶這一關，自然就突破不了業績的障礙這一關。

堅持爲顧客擦車

有個修自行車的師傅，生意十分興隆，周圍很多其他修車的人幾乎都沒有生意做。不僅如此，很多人還願意從很遠的地方跑來讓他修理。

是他的價錢比較便宜嗎？其實和其他人一樣。

是他的技術很高超嗎？其實也跟其他人差不多。

原來，這位師傅有個習慣，每次修完車之後都要幫顧客把自行車擦得乾乾淨淨，就像一輛新車一樣。而這一點，顧客並沒有要求，也不在他修車工作的範圍之內。但他一直堅持這樣做，即使生意太忙，他寧願再雇一個人，也要堅持為顧客擦車。

【業務重點】眼睛不要只盯著錢包

這位修車師傅的成功，是因為他為顧客考慮得比別人更多，雖然只是多這麼一點點，但就是這一點點，讓顧客感到很窩心，也讓顧客相信並認可了這位修車師傅，產生了一種最難能可貴的信賴感。

有句話說：「銷售人員無疑在走著世界上最長的路，那就是從自己的嘴到客戶的口袋之間的道路。」

之所以覺得遙遠，是因為我們的焦點時常太過集中於如何獲得客戶口袋裡的錢。很多人關心的只是客戶買不買，買多少，客戶態度好不好，客戶要求多不多，客戶難不難纏，客戶好不好擺平，客戶到底要不要掏錢決定買下來，而服務人員關心的這些重點中沒有一個是客戶所關心的重點，所以雖然拜訪了千百次卻還是找不到與客戶做進一步溝通的突破點！

細緻周到溫暖人心

當客戶因為你的服務而感到貼心的時候，你的服務才算到位了。

石田敬奉三杯茶

日本歷史上有一位名將叫石田三生，他少年時在滋賀縣觀音寺謀生。

有一天豐臣秀吉獵鷹口渴入寺求茶，石田出來奉茶。石田奉上的第一杯茶是大碗的溫茶；第二杯是中碗稍熱的茶；當豐臣秀吉要第三杯茶時，他卻奉上一小碗熱茶。

豐臣秀吉不解其意，石田解釋道，這第一杯大碗溫茶是為解渴的，所以溫度要適當，量也要大；第二杯用中碗的熱茶，是因為豐臣秀吉已喝了一大碗不會太渴了，稍帶有品茗之意，所以溫度要稍熱，量也要小些；第三杯，因為豐臣秀吉已經不渴了，只是迷上了茶香，純粹是為了品茗，所以要奉上小碗的熱茶。

豐臣秀吉被石田的忠心耿耿和體貼入微深深打動，於是提拔他在自己麾下，使得石田成為

名將。

【業務重點】急客戶之所急

石田的周到「服務」是很值得銷售人員學習的。探究其根源可歸為三點秘訣：

一、口渴奉茶，這是急對方之所急

銷售人員在推銷之前要了解顧客有什麼困難需要解決，了解了顧客之「急」，然後才能「應急」。如果顧客是位集郵愛好者，特別想補齊一套紀念郵票，你若能幫助他補上這個缺，便是對他的最好服務，從而打動他的心。

二、把握顧客的目的所在

豐臣兩杯茶下肚，還要第三杯，目的便是在品茗。所以你要注意顧客的反應。如果你是汽車銷售人員，顧客的談話一直集中在車的外型美觀問題上，你就不必多說車的性能如何了。

三、石田奉上好茶，是因為豐臣喜愛品茗，這便是掌握對方的興趣嗜好

如果你向一位打扮入時的少婦推銷電磁爐，你便可以這麼說：「先生和孩子都會高興於您永保青春的，電磁爐沒有油煙，自動烹飪，非常有益美容。」

慧眼看出真正的價值

只有眼界開闊的人，才能夠從微不足道的東西中看到其與眾不同之處。

柿農的困惑

一個美國人要拍中國農民的生活，他來到中國某地農村，找到一位柿農。他對柿農說要買一千個柿子，請他把這些柿子從樹上摘下來，並演示一下貯存的過程。談好的價錢是一千個柿子給二十美元，折合一百六十元人民幣。柿農很高興地同意了，照著他們要求的去做了。

拍完以後，美國人給了錢就走，也不拿柿子了。柿農卻一把拉住他們說：「你們怎麼不把買的柿子帶走呢？」美國人說不好帶，也不需要帶，他買這些柿子的目的已經達到了，這些柿子還是請他自己留著。

柿農想了半天，忽然很生氣地說：「我的柿子，品質好得很，你們沒理由瞧不起它們！」

美國人聳聳肩，攤開雙手笑了。他就讓翻譯耐心地跟他解釋，說他絲毫沒有瞧不起這些柿子的

意思。

翻譯解釋了半天，柿農才似懂非懂地點點頭，同意讓他們走。但他卻在背後搖搖頭感嘆地說：「沒想到世界上還有這樣的傻瓜！」

【業務重點】看到更遠的利益

顯然，這裡問題的關鍵是觀念的差異。美國人知道真正值錢的是他們的那種獨特有趣的採摘、貯存柿子的生產方式和生活方式，而不是那些柿子。然而柿農的心中份量最重的除了柿子以外就沒有別的東西了。

其實對於銷售人員來說，這則故事同樣有教育意義。在對待客戶的問題上，尤其是對待老客戶的問題上，是像柿農一樣只看到眼前比較直接的「小利益」，還是把眼光放長遠一些，去追求更大的「大利益」呢？這是個很大的學問。

實際工作當中，很多銷售人員的目光非常短淺，他們無法留住顧客且自己也意識不到自己思維和做法的錯誤。他們不但不為自己的錯誤反思，相反還為自己的眼前所得津津樂道。這絕對不應該是一個優秀的銷售人員所應該做的。

銷售人員在每一次銷售工作中，都不應該被眼前的蠅頭小利蒙住雙眼，而應該把目光放得長遠，從整個銷售生涯的發展角度來規劃每一次銷售工作。

對老客戶的回訪和追蹤服務，固然不會在短期內實現利潤，表面看起來似乎是虧本的買賣，可是若是從長遠的角度來看，銷售人員在老客戶身上所花費的時間和精力都不是白費的，都一定會有所回報。

不要把顧客逼到對手那裡

顧客之所以離開你，並不是因為對手有多好，而是你做得很差。

以貌取人大不智

一天，有一個穿得破破爛爛的男子，到一家銀行去兌換一張支票，並要求銀行工作人員給他價值五美元的停車券。因為他知道該銀行可以提供這種服務。

接待他的女職員看了他一眼後，心想瞧他的穿著，肯定不是一個大客戶，於是決定不給他停車券。她對這個衣衫襤褸的客戶說：「對不起，您今天進行的這筆交易，並不符合我們發停車券的規定。」

這個男子當然對她的這種歧視很不滿，馬上要求和主管見面。女職員向主管報告了這件事，沒想到主管眼中也流露出鄙夷的神色。他打量了一眼這個特殊的顧客，也和女職員的口徑一樣。

主管的態度激怒了這個顧客，他要求將自己的全部存款提出來。主管露出不屑，隨後他讓手下的職員幫他辦理。但是很快大家都目瞪口呆了，這個客戶帳戶上的金額是五百萬美元！更令銀行主管後悔的是，這個顧客把全部存款取出後，馬上就存進了馬路對面的另一家銀行，而這個銀行恰恰是他們最大的競爭對手。

【業務重點】尊重每一個客戶

很多人都慣於以貌取人，對於相貌好、穿著考究的人就尊敬，對於衣裝寒酸的人就怠慢。這種以貌取人的做法本身就是錯誤的，它所導致的最終結果就是客戶的流失，人際關係的破裂、與好的機會失之交臂。

一個優秀的銷售人員應該具有慧眼，透過客戶的言談舉止，找到有購買慾望的客戶，透過客戶的衣裝、居住環境，迅速判斷出其經濟條件和購買能力，這對於迅速完成交易大有益處。

但是，銷售人員在有慧眼的同時，也應該有一顆「慧心」，切不可對經濟能力尚低的客戶、或是沒有和自己交易的客戶有絲毫的歧視和怠慢。尊重每一個客戶，是一個銷售人員最起碼的職業道德。

試用和成交通常距離不遠

售後服務是和客戶維持長久關係的關鍵。

試騎一個月

有一個農夫，他有一個可愛的女兒。當女兒七歲生日的時候，他想送她一件禮物，他想來想去，他該送她一匹小馬。在他居住的小城裡，共有兩匹小馬出售，兩匹小馬都不相上下，農夫很難做出決定。

第一個銷售人員告訴農夫，他的小馬售價為五百美元，想要就立刻牽走。第二個銷售人員則為他的小馬索價七百五十美元。但是他告訴農夫，不必馬上做出決定。在做決定前，可以把馬牽回家，讓農夫的女兒先試騎一個月。

於是農夫就將第二個人的馬牽了回去。很快，小馬和農夫的女兒就相互熟悉起來，小女孩深深地愛上了這匹小馬，以至於再也離不開牠。於是，父親決定買下了這匹馬。

【業務重點】提供優質的服務

你想，農夫會向哪位賣主買小馬送給女兒呢？答案自然是後者。

很多時候，銷售人員所售的產品在品質、性能和功效甚至價格上，都大同小異，此時，誰能向客戶提供更滿意的服務，誰就能達成交易。而優質周到的服務，常常在很大程度上，會左右客戶的選擇方向。

給客戶一個無與倫比的優質服務，是客戶選擇你的關鍵。優質的服務可以表現在很多方面：在銷售人員拜訪客戶時禮貌的舉止、適中的言辭；向客戶銷售產品時耐心、細緻、熱情的態度；售後及時的回訪和追蹤服務等等。

在所有的服務中，售後服務尤其重要，它更能表現銷售人員在客戶的利益和金錢之間的選擇。售後服務好、細緻周到、嚴守承諾，就會給客戶好的感受。而一旦他們認為銷售人員提供的服務很好，他們就會成為這個銷售人員的老客戶，而且他們也會毫不猶豫地將其推薦給其他人。

顧客永遠是對的

即使顧客錯了，你也應該告訴自己「顧客永遠是對的」。

服務生的感想

一天，一位客人怒氣沖沖地從餐廳跑到服務台，要值班人員評判正在和他吵架的服務員誰是誰非。值班人員懷疑此人喝多了酒，不想和他爭辯，只告訴客人：「我認識那服務員比你早，所以我說他是對的。」客人聽罷二話沒說，回到房間收拾了自己的東西，結完帳，離開了旅館。

對此，十五歲的服務生看在眼裡，隨手在小記事本上寫了「客人永遠是對的」。恰巧，旅館老闆走過來看到這句話。一個月後，他被升為旅館的值班經理。在他以後的事業中，他一直奉行「客人永遠是對的」這一原則，去處理客人與服務人員的關係。

【業務重點】維護顧客的自尊心

法國著名的作家安東克薩這樣說道：「我無權貶低他人對自我形象的認識。我怎樣看別人並不重要，重要的在於他如何看待自己。傷害他人的自尊等同於犯罪。」所以，給足對方面子，對人對己都有好處，就像有人所說：「悄悄地給他戴頂高帽，默默地等待他的回音。」

不管你當初的行為是有意還是無意，當你傷害了顧客的自尊心後，你就不可能再指望顧客為你的服務或產品買單。不可能再指望他支持你的工作。因為在他眼裡，你的服務是虛假的，你的產品也不值得他信任。

【典範】不與顧客口舌之爭

曾有人統計過導致推銷失敗的原因，發現由於與顧客爭吵而失敗的比率是最高的。正如俗話所說：「口頭爭論佔上風，得罪買主一場空。」

「避免與顧客爭論」是推銷的一條金科玉律，優秀的銷售人員總是能夠在實踐中控制自己的情緒，理直氣更要溫和，才會將一次次誤會和危機化解。

美國的麥哈尼公司，是位於紐約街的一家專門經銷石油工業非標準設備的公司。有一次，麥哈尼先生為公司贏取了長島石油集團公司的一個大訂單。長島集團在石油界的地位很高，是麥哈尼公司的最重要的客戶之一，每年可以帶給麥哈尼公司不少利潤。麥哈尼公司接受訂單後自然不敢怠慢，馬上投入生產，他們把圖紙設計好後，立即送到長島石油集團公司去審核。圖紙被批准後，麥哈尼公司便如火如荼地開始動工生產。

然而就在麥哈尼先生覺得勝利在望的時候，不幸的事情發生了：長島石油集團公司的訂貨人在一次聚會中，和朋友們談起了這批訂貨。一個朋友聽完搖搖頭說道：「價錢是不是太貴了？」隨後，幾位外行人便自以為是地說什麼「設計不合理」、「交貨時間太長」、「價格不公道」……

七嘴八舌、說得訂貨人六神無主。不負責任的論斷使這位訂貨人產生了「被欺騙」的感覺。最後他竟勃然大怒、拍案而起，立即撥通了麥哈尼先生的電話，還沒等麥哈尼先生開口，他就大發雷霆，把麥哈尼公司臭罵了一頓，並信誓旦旦地說不僅要撤回訂單，還要追究麥哈尼先生的責任。電話那頭，被莫名其妙罵了一頓的麥哈尼先生一頭霧水、呆若木雞。他不知道事出的原情，還沒來得及申辯一句，訂貨人就把電話掛了。

麥哈尼先生從事這個行業多年，有很精湛的技術，也累積了很豐富的工程經驗，他立刻攤開圖紙，和幾個工程師根據訂貨人的要求仔細對照，檢查是否出現了紕漏。反覆研究後也沒看出有半點紕漏，在確認了設計方案準確無誤後，麥哈尼先生就拿著圖紙去求見那位訂貨人。

在路上，麥哈尼先生一直在琢磨該怎樣化解這場危機，他想：如果我堅持自己是正確的，並指責訂貨人的錯誤認知，與對方面對面發生衝突，那麼必將激怒訂貨人，使矛盾遽增，讓事態變得更加嚴重。

當麥哈尼先生心情平靜地走進訂貨人的辦公室時，那位訂貨人立刻從椅子上跳起，怒氣沖沖地來到麥哈尼先生的面前，氣勢洶洶地指責麥哈尼公司，不僅向他揮舞拳頭，還大罵他是個外行，態度極其蠻橫。

面對著這樣一個失去理智的人，麥哈尼先生不氣不惱，一言不發，溫和地承受對方的發洩。也許是麥哈尼先生真誠的態度感染了訂貨人，使訂貨人的態度也慢慢緩和下來。他突然停止了指責，兩手一攤，用平常的聲音說了一句：「我們決定不要這批貨了。」

麥哈尼公司為這批訂貨已經投入了幾十萬美元，如果對方不要這批貨了，重新設計製造，公司不僅會有經濟上的損失，還會失去這個大主顧的信任；而如果與對方打官司，就必然會永遠失去這家重要的客戶。麥哈尼先生不愧是一位出色的銷售員，當他面對這突發狀況的時候，並沒有氣極敗壞地與訂貨人理論，而是心平氣和地問對方：「好吧，那你看現在該怎麼辦？」接著又安撫道：「您花了錢，當然應該買到滿意的東西。我願意按照您的意願去辦這件事。」

麥哈尼先生平和的態度終於平息了訂貨人的怒氣。訂貨人不再向他咆哮了，他接著問道：

「可是訂單出了問題，總得有人負責才行，您覺得應當誰來為此事負責呢？」

平靜下來的訂貨人笑著說：「當然得你負責才對！」

「好吧。」麥哈尼不卑不亢地說，「如果您認為自己是對的，請您給我一張藍圖，我們將按圖重新施工。雖然我們已經為了這個工程花了數十萬美元，但這個損失我們願意承擔。但是，我也要提醒您注意，如果按照您提供的圖紙施工，您必須承擔全部責任。當然了，如果讓我們照原計畫執行我還會負全部責任，我也深信我的圖紙是完全行得通的！」

麥哈尼先生堅定的神情、謙和的態度、合情合理的談話，終於使訂貨人意識到自己發脾氣是沒有道理的。他完全平靜下來以後，終於妥協了：「好吧，按原計畫執行。願上帝保佑你，千萬別出錯！」

結果也證明麥哈尼先生沒有錯，按期交貨後，感到非常滿意的訂貨人又向他繼續拋出了橄欖枝。事後麥哈尼先生說：「在商業交往中，我深深相信，與顧客爭吵是划不來的。」

讓顧客感到快樂

如果能為為客戶提供極大的便利，顧客對你的不信任感自然會消失於無形之中。

賣快樂

有一次，一家速食店打破了金氏世界紀錄，因為它一年的營業額竟然可以超過一億美金，讓我們思考一下，只是一家速食店，一年竟會有一億美金的營收。

後來有人訪問速食店的老闆：「為什麼你的營業額這麼高，甚至高到破紀錄？」

老闆回答他：「我們並不是在賣食物，我們賣的是快樂，我們公司唯一的宗旨就是，讓顧客快樂。」

「所以，我們在速食店裡擺了很多迪士尼遊樂器材，放了非常好聽的音樂，所有的布置是為了讓顧客進來後，感到非常快樂，我們賣的產品是快樂，而不是食物。」

【業務重點】推銷看不見的用途

當你聽到這則故事的時候一定非常驚訝，你一定在不斷地思考，到底你真正賣的是什麼？沒有人會為了錶芯結構的細微、精密而買表，戴錶只是想知道時間。人們並不在乎手錶的內部構造，人們只關心準確的時間，不會了解錶如何運作。缺乏機械常識的人，甚至不會在意它如何運作，只在意它「在運作」。

準客戶不在意產品的專業知識，他們在意的是產品所能發揮的作用、解決問題並給他們帶來的效益。

大多數的銷售人員都認定自己是在推銷一件商品或一項服務，實物固然是最容易說明的，可是在推銷這門行業裡，高明的銷售人員所推銷的，是一種觀念或一種感覺。以保險為例，人們所買的並不是一紙保單，他們要買的是心靈的平安，財產上的安全感，及有保障的收入，這些都是準客戶的觀念，而保險只不過是一個工具罷了。

不要銷售鑽孔機，而是要推銷它們所鑽出來的弧度完善平整的鑽孔；也不要銷售汽車，而要推銷名氣與地位或者是駕駛的平穩感覺；不要銷售保險，要推銷安全，免於悲劇發生、財產安定的感覺；不要銷售眼鏡，要推銷更清晰的視野和造型的優美；不要推銷吸塵器，而要推銷舒適整潔；不要推銷鍋具，而要推銷簡單操作的家務和食物的營養。

在準客戶的眼裡他所能了解的，就是產品本身的好處，銷售人員要推銷的也正是產品帶來的好處，仔細想想自己的產品擁有哪些好處。

相信誠實的力量

永遠記住這句話：我要為顧客解決問題。

吉列推銷刮鬍刀

吉列刀片可謂大名鼎鼎。然而，最早的時候，吉列本人還在推銷刮鬍刀。有一次，吉列推銷出去了一種刮鬍刀，半個月內和二十幾位顧客做成了生意，但是後來突然發現，他所推銷的刮鬍刀比別家店裡的同類型產品價格高，這使他深感不安。

經過深思熟慮，他決定向這二十家客戶說明情況，並主動要求向各家客戶退還價款上的差額。他的這種以誠待人的做法深深地感動了客戶，他們不但沒收價款差額，反而主動要求向他訂貨，並在原有的基礎上增添了許多新品種。

【業務重點】熱情真誠地對待顧客

「推銷產品前先推銷自己。」這是美國汽車銷售大王喬．吉拉德的一句名言。當有人向他請教成功秘訣時，他這樣回答：「跟其他人一樣，我並沒有什麼訣竅。我只是在推銷世界上最好的產品。」

你得懂得推銷你自己。每一個銷售人員開始工作時都得學會這一點，「因為人們更願意與自己喜歡的人做生意。」

在推銷生涯中，喬．吉拉德努力做到讓每一位顧客心甘情願到他那兒去買車，即使是一位你五年沒有見過面的顧客，只要踏進喬．吉拉德的門檻，他都會熱情地接待你，讓你覺得他非常掛念你，他從來沒有忘記你。

喬．吉拉德說：「你知道，真誠是你從書本上讀不到的東西，只可意會，不可言傳。你得學會自然，人們喜歡誠實的人，一個銷售人員必須誠實並且處處為顧客著想。打個比方，你知道是什麼東西造就一家生意興隆的餐館的嗎？是一傳十、十傳百的聲譽，是那些偉大的餐館的廚師呈上的愛心和熱情。」

耐心與熱誠可以解決一切

很多時候顧客並不能清晰地描繪自己的需要，因此你要給顧客時間，引導他們，讓他們明白自己的需要。

三雙鞋讓顧客滿意

有一家鞋店素來以服務周到而著稱。有一次，這家鞋店碰到了一個非常挑剔的顧客，不得已，老闆親自出馬。只見老闆拿出一雙鞋，顧客挑剔地對老闆說：「這雙鞋子後跟太高了。」老闆笑笑不語，再拿出一雙遞給她，她說：「這種樣式我不喜歡。」老闆還是笑了笑，又拿出一雙，她又莫名其妙地說：「我的右腳比較大，很難找到合適的鞋子。」

這時，老闆才開口說了一聲：「請等一下！」便轉身到裡面，拿出另外一雙鞋子說：「我想這雙鞋子您一定會滿意，請您試穿看看。」

顧客半信半疑地試穿那雙鞋子，果然如老闆所說的那樣令她非常滿意，於是高興地說：

「這雙鞋子好像專為我做的一樣。」當場買下帶回去了。

【業務重點】正確對待和處理異議

上面的故事中，鞋店老闆以熱情周到的服務成功地處理了顧客的抱怨，達到了銷售的目的。如果是新手，則可能會因為魯莽或怠慢顧客而失去生意。

一個銷售人員要想獲得成功，必須正確對待和處理顧客的異議，在處理異議時至少要遵循以下四個原則。

第一，要聽顧客講完

不要隨意打斷顧客的話。讓他講完以後，你再回答問題。當顧客不斷地提出異議，要盡可能地保持耐心。如果顧客才說了幾句，銷售人員就還以一大堆反駁的話，不僅打斷了顧客的講話而使顧客感到生氣，而且還會向對方透露出許多情報。當對方掌握了這些資訊後，銷售人員就處在不利的位置，顧客便會想出許多拒絕購買的理由。結果當然就不可能達成交易。

第二，不要跟顧客爭論

這個道理是非常明顯的，然而很多業務員卻經常犯這個錯誤。顧客提出異議，意味著他表示需要更多的資訊。一旦與顧客發生爭論，拿出各式各樣的理由來反駁顧客時，銷售人員即使

在爭論中取勝，然而卻徹底失去了成交的機會。

第三，突破異議時不要攻擊顧客

攻擊顧客的心理是非常不利的。顧客站在自己的立場上說的話，對於業務員來說，沒有必要放在心上。銷售人員在遇到異議時，必須把顧客和他們的異議分開。也就是說，要把顧客自身和他們提出的每一個異議區別開來。這樣，你在突破異議時才不會傷害到顧客本身。要理解顧客提出異議時的心理，要注意保護顧客的自尊心。如果你說他們的異議不明智、沒道理，那麼你就是在打擊對方的情緒，傷害他們的自尊心。儘管你在邏輯的戰鬥中取勝，卻敗在感情上，你不可能獲得成功。

第四，要引導顧客回答他們自己的異議

引導是一個非常高超的技巧，需要很強的綜合能力。成功的銷售人員總是誘使顧客回答他們自己的異議。有一句推銷格言：「如果你說出來，他們會懷疑；如果他們說出來，那就是真的。」顧客提出異議，說明在他們的內心深處想購買，只要引導他們如何購買就行了。

第五章　業務技巧，與時俱進

做什麼事情都有其技巧。現代推銷既是一項複雜的技術，又是一種技巧性很高的藝術。銷售人員從尋找顧客開始，直至達成交易獲取訂單，不僅要周密計畫，細緻安排，而且要與顧客進行層層的心理交鋒。有效的技巧可以幫助你取得實質性收益。

巧藉名人光環促銷

名氣一響，生意就會熱鬧，財寶就會滾滾而至。

齊桓公穿紫衣

春秋五霸之一的齊桓公喜歡穿紫衣服，於是，從大夫到小吏，甚至於有幾個錢的小百姓，人人都跟著穿紫色衣服，弄得紫色衣料價格昂貴，齊桓公幾次想使其恢復正常都不成功。

後來，還是曾經做過小買賣的相國管仲給他點破了關鍵：只要齊桓公本人不穿，大家不學，價格自然就會降下去了。於是，齊桓公上朝不穿紫衣，還嫌別人穿的紫衣臭。當天宮中朝中就沒人穿紫衣了。第二天，都城中沒人穿了。第三天，全國人都不穿紫衣了。紫衣的價格自然也就下來了。

【業務重點】名人效應

名人是人們心目中的偶像，有著一呼百應的作用。這可以從謝安的一個故事中看出來。

謝安是東晉名士，一次，有位同鄉被罷了官，回鄉前來向謝安辭別。同鄉路費尚未有著落，唯有五萬把蒲扇。這蒲扇既不行俏，價格也不貴，要是就這麼一把把地賣，恐怕行程羈留，路費還籌不足。

謝安想了想，便向他要了一把，搖著蒲扇到處串門，蒲扇成了名士風度的一種象徵，人們紛紛學樣子，蒲扇也就跟著暢銷起來。五萬把扇子很快就賣光了，還多賣了不少錢，同鄉順利地回歸故里。

如果銷售中能夠和某位名人或他的圈內人扯上關係，一定可以讓你的商品大大暢銷。

【典範】真假王妃

一九八五年英國王儲查理斯王子和戴安娜王妃舉行的婚禮盛典，令世人矚目，盛況空前，是全世界的頭條新聞。一位倫敦的珠寶商利用公眾對此次婚禮的憧憬心理，精心策劃了一則關

於戴安娜王妃的假新聞，使其生意一時興旺。

這個珠寶商找到了一位長相、身材都酷似戴安娜王妃的女孩，讓她穿上戴安娜王妃經常穿的衣服，梳成和王妃一樣的髮型，並對她的言行舉止進行了一番嚴格訓練，使之舉手投足之間都流露出皇室氣質，與王妃達到「神似」的效果。

一天晚上，這家珠寶店整飭一新，花團錦簇，燈火輝煌，珠寶店的門前還鋪上了紅地毯，老闆衣冠楚楚、神采奕奕地站在門口，一看便知是在等候某位尊貴的客人。此舉激起了路人的好奇心，大家都駐足在珠寶店周圍，想看個究竟。

不一會兒，一輛豪華的轎車緩緩停在珠寶店門口，「戴安娜王妃」優雅地從車上下來，並頻頻向四周的旁觀者點頭致意。老闆笑容可掬地把「戴安娜王妃」迎進珠寶店，並彬彬有禮地向她介紹各式各樣的貴重首飾。「戴安娜王妃」露出滿意的神色，一邊稱讚，一邊挑了幾件首飾。這些場面被蜂擁而至的記者們拍攝下來。

第二天，電視台在黃金時間播放了這則新聞。因為受到老闆的關照，這段錄影是以「默片」的形式播放的，人們聽不到任何解說。這則新聞產生了老闆預想中的轟動效應，崇拜戴安娜王妃的年輕人紛紛來到這家珠寶店搶購「戴安娜王妃」稱讚過的各種首飾。這家珠寶店也名噪一時，門庭若市，生意異常興隆，幾天的營業額遠遠超過開業多年的營業數字。

顧客也可以是培養出來的

顧客首先想的不是付帳買東西，而是要從你那裡獲得點什麼。

拋傘引客

日本有家越後屋布店，經營各類紡織品。它店面不大，資本不厚，生意也普通。店主人心裡頗為焦急。

有一次，恰好天上開始下起了大雨，許多要回家的人沒有帶雨傘，紛紛急忙跑到布店來躲雨，店主不但沒有嫌麻煩，而且馬上叫店員把店裡的幾把雨傘借給躲雨的人。雖然不少人仍然沒有傘，但大家都對越後屋產生了好感。雨後，店主人叫人買了一大批雨傘，還工工整整地寫上「越後屋布店」的字樣。以後下雨，來布店避雨的人都可以借到一把雨傘。

從那以後，來布店買東西的人愈來愈多。幾年以後，布店變成了三屋百貨公司，店主成了董事長。

【業務重點】麻煩自己，方便客戶

越後屋布店店主不惜麻煩，為躲雨的人提供雨傘，這個舉動得到了人們的好評，許多人從心中感到這家店的老闆是個誠實可靠的人，因此願意來和他做生意。而老闆僅僅透過一個舉動，就對企業發展產生了良好的作用，是很值得借鑑的。大體說來，有這樣幾點值得借鑑：

第一，透過借傘，樹立了良好的布店形象

人們想，肯借傘給別人的商店不可能是只知道賺錢坑害顧客的商店，這樣的商店比較信得過。顧客有了這種心理，生意自然會興隆。

第二，無形中為自己做了活廣告

下雨的時候，人們撐著寫有「越後屋」字樣的雨傘穿街走巷，它使布店名聲傳揚。

第三，借傘、還傘溝通了商店與顧客的關係

人們進店借傘、還傘，就會看到商店的櫥窗、廣告、商品，就會產生購買欲。

新的銷售手法更受歡迎

在商戰中，平淡無奇，難得青睞；以奇招人，方能制勝。

讓客戶自己動手

美國舊金山的一家乳酪店，由於所在街區乳酪店過多，生意一直很清淡。店主絞盡腦汁，終於想出一個新的經營方式。

他規定出顧客購買乳酪時可以按照個人的需求量自己切割。切割下的乳酪若比所需的量少的，可以補足；若切割下的乳酪多於所需要的量，超過量在一盎司範圍內的，作為免費贈送。

乳酪店此舉，不僅滿足了顧客求新的心理，更符合青少年喜歡自己動手的特性，甚至有的青少年來店不是為了買乳酪，而是比賽刀功，看誰切得準。乳酪店因此銷量大增，生意興隆。

【業務重點】奇思妙想打開市場

孫子兵法中說：「凡戰者，以正合，以奇勝」。出奇制勝同樣可以在日趨激烈的商戰中得到驗證。超常規的奇想，超常識的妙想，往往能使企業在市場中取得一席之地，甚至迅速發展茁壯。

可口可樂公司是一個十分善於自我宣傳的跨國企業。這一點可以從它進軍中國農村市場的時候看出來。在進軍中國農村市場的宣傳上巧用品名，另闢蹊徑。

該公司了解到中國農村過年喜歡貼春聯，於是投其所好，在春節期間展開了大規模免費贈送春聯的活動。可口可樂公司寫的春聯可謂用心良苦：「春節家家包餃子，過年戶戶放鞭炮」，巧配橫批「可口可樂」。又有上聯「新春新意新鮮新趣」，配以下聯「可喜可賀可口可樂」，如此種種，各有巧妙。

此舉真可謂一石二鳥，一舉兩得，既宣傳了自己的產品，又符合農村的習俗，使之易於接受。透過在春聯上的奇招，可口可樂一下子打開了中國農村市場。

既能符合顧客的口味，又能給顧客帶來驚喜，顧客當然樂意接受了。

在對比中激發購買慾望

不比不知道，一比嚇一跳。

先升後減

一家玩具小店的老闆遇到了一個問題：他購進了兩種造型相近的玩具小熊，一種來自日本，一種來自韓國，兩種標價都是〇．三八元，不料兩種玩具的銷售都不理想。怎麼辦呢？有人給他出了個好主意：把日本製作的小熊仍標〇．三八元，韓國製作的小熊提價為〇．五六元。

當顧客看到這兩種相差無幾的小熊，價格竟然滿懸殊，買日本的太划算了，買的人陡然多起來，不出半個月日本製造的全部賣光。日本製造的一賣完，店老闆把韓國製造的標上「減價出售」的牌子：「原價〇．五六元，特價〇．三八元。」顧客看到便宜這麼多，買的人也多起來，不久這些「削價商品」也賣完了。店老闆巧妙地運用先升後減的銷售方法，很快把囤積的小熊一銷而空。

【業務重點】技巧的價格策略

加價與減價乃是一個硬幣的兩面，但給買主的心理影響卻有很大的不同，常購買同一種商品的人，往往對價格比對數量更加敏感。

香菸每盒二十支裝，這是盡人皆知的常識。但德國裝的美國「萬寶路」香菸卻每盒十九支裝。原來經歷了數次通貨膨脹後，在德國每盒售價四・二馬克的「萬寶路」已無利可圖了，而上調價格將會喪失競爭力。菸草公司最後想出了「減支不漲價」的新招，經過計算，每盒只要減裝一支，便有利可圖。他們在包裝上聲明，這是為了「不增加消費者負擔」。新包裝的「萬寶路」上市後，菸民對少一支並不在乎，這樣「萬寶路」在德國市場保住了它的位置。

無論採取何種方式，只要能夠給顧客帶來一種對比的感受，只要透過比較，顧客感到自己的利益沒有受損，那麼你就成功了。

一個好的示範勝過千言萬語

相對於自己的耳朵來說，人們大都更加相信自己的眼睛。

現場演示

幾年來，某照明設備公司一直在說服某學校更換全校教室的照明設備。雙方開了無數次的會議，說了無盡的話，可是毫無結果。山窮水盡疑無路，柳暗花明又一村。最後，一位銷售人員想出了一個主意，使問題迎刃而解。

在一次會議上，這位銷售人員手拿一根細生鐵棍站在教室的黑板前，兩手各持鐵棍一頭，對校長及總務採購人員們說：

「各位先生女士們，你們看我把這根鐵棍用力彎，不過一鬆手它就又彈直了。但是我如果用力彎它，超過了它所能承受的臨界點，它砰一聲就會斷成兩截。在學校上學的孩子們的眼睛每天都像就要彎斷了的鋼棍，如果超過了臨界點，視力就會遭到永久性損壞，以後就不可能再恢復了。」

結果學校立即撥款，全部換上了新的照明設備。

【業務重點】推銷技巧的演示

在人們的印象裡，推銷一般是以說話為主，銷售人員對著他的顧客，滔滔不絕地解說自己產品的優點，批評其他產品的缺點，顧客在一旁聽得哈欠連天，一副不耐煩的樣子。等銷售人員說得口乾舌燥、聲音嘶啞，不得不停下來的時候，顧客還是不知所云，不得要領，結果生意自然是無法成交了。

其實，銷售人員並不一定非得如此賣力地展現自己的口才，因為說得不得要領，顧客不但不買帳，有時甚至會適得其反，讓人產生厭惡之情。其實，銷售人員可以考慮採用一些別的方式、技巧，比如演示推銷，來說服客戶。

如果你身邊只有一支圓珠筆，而你要推銷的商品是嬰兒用品，這個時候，你該怎樣演示呢？

有位銷售人員是這樣做的。他在桌子一端把圓珠筆豎立起來，圓珠筆搖搖欲墜。這個時候他說：「您必須為孩子提前打算，因為孩子是很脆弱的。」

於此同時他突然放開手，圓珠筆差一點掉下桌子。顧客也嚇了一跳。他說：「所以，做母親的就該讓小孩免除一切可能發生的危險和傷害。」這樣母親從中就真切感受到了孩子受傷害的那種心痛。

採用新穎的演示推銷可以讓推銷更加生動活潑，從而達到錦上添花的效果。

有一個境界叫彎曲

如果你不能直接稱讚某個人，那麼你可以稱讚與他最親近的人或物，並最終討得他的歡心。

誇狗賣車

有一對夫婦結婚十年一直沒有孩子。為了心靈上的補償，夫人養了幾隻小狗視為兒女般疼愛。有一天，先生一下班，夫人便嘮叨起來。說來了一個銷售人員看到小狗在她面前繞來繞去，卻也不誇獎幾句，她便很傷心而且還很生氣，哪裡還有心情光顧他的商品。又有一天，先生一下班，夫人便興高采烈地圍上來：「你不是說要買車嗎？我已經跟人約好了，星期天汽車公司的人就來洽談。」

先生一聽，便惱怒起來：「我是說過要換車，但沒說現在就買，你為什麼要自作主張？」

詢問之下，才知道那個銷售人員也是愛狗之人，看到這位夫人養的狗，便大加讚賞，說這種狗毛色清潔、有光澤、黑眼圈、黑鼻尖，是最高貴的品種之一。說得這位夫人陶陶然，以為自己擁有了世界上最高貴的狗。於是她情不自禁地對這個銷售人員產生好感，很快答應他星期天來跟她先生面談。

其實這位先生確實想買一輛新車，他的車也該換了，三天兩頭送去修理。但他卻是個優柔寡斷的人，一直拿不定主意去看車。既然銷售人員自己上門，仔細想想，看又何妨。

星期天到了，那位銷售人員又登門拜訪，向他詳細地介紹了產品和為什麼要買的幾大理由。最後這位先生不由心動，終於徹底改變了他的優柔寡斷，他「當機立斷」決定買下這位銷售人員的車。

【業務重點】愛屋及烏；惜花連盆

像這對夫婦的故事實在太多了。愛犬已如此，那愛子就更不用說了。如果看到一個小孩蹦蹦跳跳，東摸西抓，片刻不停，你也許會心中生厭，但作為銷售人員，你卻必須對他母親說：「這孩子真是活潑可愛！」

孩子是父母心中的「小太陽」。看到孩子，不管可愛與否，你作為銷售人員就要高喊：

「喔，多可愛的孩子！幾歲了……」這樣，一定能打開對方的話匣子，讓他把小寶寶的可愛聰明的故事如數家珍地說上一大堆。也只有在這種熱烈的氣氛下才能使對方冰凍的情感「融化」，適時推銷你的商品。

小孩、寵物、花卉、畫畫、嗜好等都可拉近雙方的距離，對銷售成功有著推波助瀾的作用，銷售人員必須善加利用。

隨時隨地都有準客戶存在

把銷售作為愛好能極大地增進從銷售中獲得的樂趣和滿足。

火車上的推銷

有位推銷奇人，非常善於創造與人相識的機會，他最擅長的一點就是「旅行推銷法」。

他家距離火車站非常近，火車站就是他展開業務的黃金地帶。他每天都會來到火車站售票廳排隊，同時他會想方設法與前面的人聊天、套關係。經過十分鐘、二十分鐘的排隊，他就有辦法與前面的人熟悉起來。等到排在他前面的人買票時，「高雄……」還沒等在他前面的人說完，他馬上說：「兩張。」於是，他又隨著前面的人去了高雄。一起買的票，座位自然在一起。台北到高雄的一段時間，就成了他推銷保險的時間。下車時，他已順利做成了一筆保單。

回家時，他又重複上面的做法，在高雄到台北的回程中又是一筆保單。這種「旅行推銷法」成交率雖然不是百分百，但也有很高的成交率。

【業務重點】把銷售作為一種愛好

銷售的最高境界就是時時刻刻都在銷售，而要做到這一點，關鍵是把銷售當作自己的愛好。在這個世界上的各行各業中，沒有任何一個職業能像銷售這一職業這麼偉大。因為銷售人員是靠自己的奮鬥，每天都可以明確地掌握自己努力的過程，擁有很多自我實現的機會。

此外，銷售人員每天可以遇到各式各樣的人，一面工作，一面可以學習到很多的事情。

在現實生活中，很多人都喜歡把工作和個人樂趣差別對待。在某些情況下，這是必須的。我們希望在工作與生活中取得兩者的平衡，更好地滿足自己的需求。但是工作和享受、工作時間和私人時間之間有著一定的聯繫，不應該截然分開。事實上，有些人正是由於把兩者當作截然不同的東西，結果喪失了工作的熱情，所以也就不可能達到高峰。

讓銷售成為你的愛好吧。觀察你所遇到的每一個人，嘗試著去接近他們，和他們交談，影響他們，讓他們接受你的觀點。時間長了，你會發現這是一個非常富有樂趣的過程。

【典範】交易的締結從陌生開始

齊藤先生是日本壽險推銷的老前輩，在他剛剛從事推銷保險的時候，他去參加公司組織的旅遊會，在熊谷車站上車時，正好看到一個空位，就坐了下來。當時，那排座位上已經坐著一位約三十四、五歲的女士，帶著兩個小孩，他知道這是一位家庭主婦，於是便動了向她推銷保險的念頭。

在列車臨時停站的時候，齊藤先生買了一份小禮物，很有禮貌地送給兩個小孩子，並和這位家庭主婦閒談起來，一直談到小孩的學費，還談到她丈夫的工作內容、範圍、收入等。那位女士說，她計畫在輕井車站住一宿，第二天再坐快車去草津。齊藤先生答應可以為她在輕井車站找旅館。由於輕井是避暑勝地，又逢盛夏，自己出來旅行的人要想找旅館是相當困難的，那位女士聽後非常高興，並愉快地接受了。當然，齊藤先生也把自己的名片遞給了她，在背面寫著介紹旅館的內容。兩周以後，那位女士請求齊藤先生見一下她的丈夫，而就在那天，他的推銷獲得了成功。

激發顧客的購買慾望

那些在買和不買之間拿不定主意的顧客，只有你不斷地激發他們的想像力，他們才會選擇購買你的產品。

推銷玩具——給孩子動手玩

一位中年男士帶著自己的小男孩來到一個玩具攤位前。售貨小姐站起來走向前。「先生，您好，您的小孩多大了？」小姐笑容可掬地問道。

「六歲！」男士說著，把玩具放回原位，眼光又轉向其他玩具。

「六歲！」小姐提高嗓門說：「這樣的年齡玩這種玩具正是時候。」說著便將玩具的開關打開。

孩子立刻嚷著要玩玩具。

銷售小姐把玩具放到地上，拿著聲控器，開始熟練地操縱著，前進、後退、旋轉，同時說道：「小孩子從小玩這種用聲音控制的玩具，可以培養出強烈的領導意識。」接著把另一個聲控器遞到男士手裡，於是那位男士也開始玩起來了。

「這一套多少錢？」

「一千四百五十元！」

「太貴了！算一千二好了！」

「先生！跟令郎日後的領導才華比起來，這實在是微不足道！」小姐稍停一下，拿出兩個嶄新的乾電池說：「這樣好了，這兩個電池免費奉送！」說著便把一個原封的聲控玩具，連同兩個電池一起塞進包裝袋遞給男士。

【業務重點】激將法

從這一幕銷售過程，可以看到這位售貨小姐在銷售商品中展示的「激」的技巧。首先，她的問語十分有技巧：「孩子多大了？」這種問題不會讓顧客產生戒心，而且為下一步實施「激」的技巧埋下伏筆。

其次，打開玩具開關的時間恰到好處，就在客戶剛要轉移目標時。緊接著，把另一個聲控器遞給客戶更是絕招，這可以刺激顧客的購買慾望。再次，做了最佳的訴求——具有領導才華的兒子，天下父母誰不為之心動？

這位小姐的談吐與巧妙的激將術，終於促成了一筆生意。

當用戶產生購買商品的慾望，但又猶豫不決的時候，適當使用「激」的技巧，激發對方的好勝心理，促其迅速作出決斷，這就是「激」的技巧。

第六章　細節決定一次成功的銷售

當種種的銷售無法出奇制勝的時候，細節的較量便極為重要。銷售未來的競爭主要表現為細節的競爭，透過對每一個銷售細節細緻入微的把握，最終戰勝對手。誰做好了銷售細節誰就會成功。

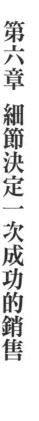

用耐心和挑剔的客戶打交道

地上有塊金子，你不彎腰又豈能揀得到？

愛挑剔的顧客也許就是一塊金子，你揀還是不揀？

向老虎推銷

狐狸最近剛剛成為一名銷售人員，牠第一個想到的潛在顧客就是老虎。因為老虎是山林之王，需求量最大。而其他的動物都害怕老虎，不敢對老虎推銷牠們的東西，所以競爭對手幾乎沒有。考慮到這兩個因素，狐狸果斷決定後登上了老虎的家門。

狐狸對老虎說：「尊貴的老虎大王，請問我能為您做點什麼呢？」

老虎說：「我只需要一樣，那就是請你趕快滾出我家門。」

狐狸說：「這太簡單了，我隨時都可以做到。不過，為什麼您今天火氣這麼大呢？難道您不需要一瓶西瓜霜嗎？」

老虎大怒：「西瓜霜能幹什麼？能治屁股疼嗎？」

狐狸微微一笑，說：「那麼，如果我有痔瘡藥，您一定會心情愉快的。」

老虎咆哮起來：「你氣得我肚子疼。」

狐狸趕緊湊到老虎的跟前，說：「那我給您揉揉。」

老虎於是不耐煩地說：「你今天到底是幹什麼來了？」

狐狸表明了來意：「我這裡有副眼鏡，想來您一定喜歡。有了這副眼鏡，您可以更清楚地看見獵物。您從此以後不用愁沒有獵物了。您的心情一定會大大地好轉。」

最後，不用說，老虎留下了眼鏡。

【業務重點】避其鋒芒

對挑剔客戶的牢騷，拖延回答和爭辯不休是對顧客不尊重和不禮貌的表現。冷靜地採取誠懇地傾聽客戶訴苦的方法，有的時候反倒會把這種挑剔的拒絕轉化成一種購買的理由，讓客戶主動意識到你所推銷的正是他們渴望得到的。

例如當客戶提出「這個商品的價格太貴、顏色不好看、款式過老……。」

銷售人員可以微笑著聽完，然後回答：「是啊！的確有些貴，名牌哪有不貴的？至於顏色

和款式，這是廠家根據流行款式設計和搭配的。」

這樣，不但不會讓對方失望，反而會覺得自己不買有可能失去把握今年流行時尚的一次機會。

有的時候，這種樂於傾聽牢騷的方法，還可以在適當的時機轉移對方的挑剔傾向。銷售人員可以利用一些產品的資料和介紹轉移消費者的注意力，使其有機會了解產品；有時讓顧客自己挑選適合自己的商品，也能有助於緩解對方對單一產品的不滿情緒。

這種技巧是銷售學中不可缺少的一課，是一個成功的銷售高手必備的要素。那種聽不進去半點批評的話語和指責而反唇相譏的作法，其結果只能是兩敗俱傷：你銷售不出東西，客戶拂袖而去。

得體的外表也是一種銷售的工具

第一印象是非常重要的，一定要注意保持良好的第一印象，因為你錯過了這一次，可能就不再會有第二次的機會了。

烏龜化妝

兔子和烏龜賽跑。在比賽開始之前，牠們兩個在休息間碰頭了。兔子在活動筋骨，而烏龜卻在化妝。兔子嘲笑烏龜說：「難道你想透過化妝來贏我嗎？」

烏龜說：「不，我只是想讓所有的動物們都喜歡我。即便我輸了，我也可以得到大家的掌聲。」

【業務重點】具有關鍵性的第一印象

如果汽車經銷商準備賣一輛舊汽車的話，他會怎樣做呢？首先，他把車送到工廠裡，將表面的擦痕都磨光，並重新刷漆。然後再將車內粉刷一新，換上新輪胎，調整好發動機，總之，使車重新煥發光彩。為什麼要這樣做呢？因為汽車交易商知道外表鮮亮的汽車一定能賣個好價錢——比其原值要高出幾千元。這與你做銷售工作是一樣的。要記住儀表不凡和風度翩翩將使你在客戶的眼中身價倍增，為成功打下基礎。

當別人注視你時，他們將看到什麼呢？請站到鏡子前面看一下，你所見到的也恰是你的客戶所見到的。要保證你自己能夠對這個「鏡中人」滿意，如果你都不喜歡「他」，那可別指望你的客戶能夠感興趣。

客戶對你的第一印象是依據外表：你的眼神、面部表情等等。你可以認為外表就是一種表面語言，正如聲音所表達的一樣。

服飾對於銷售人員的作用正如產品的包裝一樣。良好的感覺和品味是推銷中成功的關鍵。服裝應該與推銷環境相互搭配，也要能與所拜訪的客戶類型相一致。例如，一個向農民推銷飼料的銷售人員的服飾，就應該與向醫生推銷藥品器材的銷售人員的服飾不同，這就叫因人而異。

一項研究表明，客戶更青睞那些穿著得體的銷售人員，而另一項研究表明，身穿工作服和領帶的銷售人員所創造的業績要比穿便衣、不拘小節的銷售人員增加大約六十%。現在想一想，你的服裝看來怎樣呢?或許添購衣服要花一些錢，但它就像一項高明的投資一樣，遲早要為你帶來豐厚的報酬。

在服飾中，除了服裝，裝飾也是很重要的一項。如香水、髮型和臉部化妝等都必須精心選擇，力求與環境搭配，令人感覺協調舒適。在談話的距離內，客戶不僅看見你、聽到你，同時還會聞到你身上散發的氣息，因此，應該非常得體地裝飾自己。不要因為自己的儀表、面容給顧客留下不好的印象而製造不必要的誤會。

作為銷售人員，你應時常與客戶進行交流，哪怕無話可說時：例如，微笑一下或聳肩、皺皺眉頭。愜意而自然的微笑是你的外表中不可缺少的重要一部分，會拉近你與客戶的情感距離，而且是立竿見影。良好的舉止對於留下積極的印象也是至關重要的。要知道，客戶是透過觀察你的外部表情和舉止神態來觀察你的內心思想的。

細節決定著成敗

準確的細節掌握可以成就一件偉大的作品；
而細節的疏忽則會毀壞一個原本宏偉的規劃。

建築師的偉大成就在細節

作為二十世紀世界四位最偉大的建築師之一，密斯·凡·德羅描述他成功的原因時，只說了五個字：魔鬼在細節。

當今全美國最好的戲劇院不少出自德羅之手。

他在設計每座劇院時，都要精確測算每個座位與音響、舞台之間的距離以及因為距離差異而導致不同的聽覺、視覺感受，計算出哪些座位可以獲得欣賞歌劇的最佳音響效果，哪些座位最適合欣賞交響樂，不同位置的座位需要做哪些調整，方可達到欣賞芭蕾舞的最佳視覺效果，而且更重要的是，他在設計劇院時要在每一個座位上去親自測試和敲打，根據每個座位的位置測定其合適的擺放方向、大小、傾斜度、螺絲釘的位置等等。他這樣細緻周到為顧客考慮的結果，使他成為一個偉大的建築師。

【業務重點】不遺餘力地改進細節

密斯．凡．德羅作為一個偉大的建築師，深知細節對於建築意味著什麼。任何細節的疏忽都足以導致全盤的崩潰。總體說來，很多銷售人員還很缺乏重視細節的意識。這是因為我們曾經處於求過於供的市場狀態，與此相應的是企業粗糙的生產，沒有爭取盡善盡美的意識。而且在市場形成的初期，利潤空間很大，只要人們有想法，製造出大眾需求的產品，就可以不費吹灰之力將產品銷售出去，而不需要在細枝末節上下工夫。

沒有細節的完美就談不上什麼整體的美感。現在，人們對生活品質的要求愈來愈高，對產品和服務品質的要求也愈來愈高。這種高要求，落實到實踐中就是對細節的完美追求。銷售人員要想成功，一定要不遺餘力地重視細節的改進、改進、再改進。而細節改進的方向，就是滿足人們對生活精緻化的要求，一句話，就是人性化的要求。

【典範】從細節上打動客戶

一次直銷大師原一平準備去拜訪一家大企業的老闆井夫一郎先生，由於各種原因，原一平用盡各式各樣的方法，都無法見到老闆。

有一天，他看到一個職員從老闆家裡的另一道門走了出來。他靈機一動，立刻朝那個職員走去，詢問：「有一次我跟你的老闆聊得很開心，我有點事想請教你。請問你老闆穿的衣服都是在哪一家洗衣店洗的呢？」

職員回答：「從這裡向前走過去，左邊那一家洗衣店就是了。」

於是，原一平每天都在這個老闆家附近等候洗衣店的店主送衣服。沒過幾天就遇到了洗衣店的店主，透過攀談原一平順利地從洗衣店店主的口中得知了那位老闆所穿西裝的布料、顏色和式樣。

從一個人所穿的衣服，便可推測出這個人的性格、品味。同時，物以類聚，人以群分，人們總是喜歡與情投意合、志趣相投者為友，所以，原一平在穿著上與其相仿，也定會在心理上接近對方。

原一平來到做這種西服的服裝店也打算做一套一樣的西服，這時，西裝店的店主對原一平說：「原先生，你知道企業名人井夫一郎先生嗎？他也是我們的老顧客，他所穿的西裝的花色與式樣也很有品味。您所要定做的西服幾乎與他的一樣。」於是，便主動向他告知了井夫一郎先生所穿西裝、領帶、皮鞋的式樣，而且還談到了他的興趣喜好。

若干天後，機會終於來了，原一平穿上與那位老闆相同式樣的西裝，並打了一條相同式樣的領帶，從容地站在那位老闆面前。

「老闆，你好！」井夫一郎大吃一驚，一臉驚訝，接著恍然大悟，哈哈大笑起來。一個月後，井夫一郎成了原一平的客戶。

節省客戶的時間

顧客的時間就是財富，你只有為顧客省錢，顧客才能幫助你賺錢。

帶著鬧鐘去推銷

當你向顧客推銷的時候，有沒有想過顧客的時間也是非常寶貴的呢？

有這樣一位銷售人員，他每次登門推銷時總是隨身帶著鬧鐘，當會談一開始，他便說：「我打擾您十分鐘。」然後就將鬧鐘調到十分鐘後的時間。時間一到，鬧鐘便自動發出聲響，這時他便起身告辭：「對不起，十分鐘時間到了，我該告辭了。」

如果雙方商談順利，對方會建議繼續談下去，他便說：「那好，我再打擾您十分鐘。」於是，他又將鬧鐘調了十分鐘。

有些顧客第一次聽到鬧鐘的聲音會感到驚訝。他便和氣地解釋：「對不起，是鬧鐘，我說好只打擾您十分鐘，現在時間到了。」

【業務重點】養成守時的習慣

不管是電話裡約會，還是當面約會，一定要把約定時間弄清楚。把握好這個細節，就能贏得成功。

按約定時間赴約時，要遵守一個原則，就是提前幾分鐘到，寧可讓自己等人也不能讓客戶等你。遲到的歉疚會使你與對方一見面就處於劣勢，因此，無論如何不要遲到。

銷售人員重要的是贏得顧客信賴，然而，不管採用何種方法達此目的，都離不開從一些微不足道的小事做起。

莎士比亞說：「最偉大的愛情用不著說一個『愛』字。愛得你死我活的熱戀者，一定會以悲劇收場。」套用莎翁的話，最偉大的銷售人員也用不著說：「我是非常守信用的。」銷售人員的一舉一動、一言一行更能表明自己是否值得信賴。有時，哪怕是一個極不起眼的細節，也可能使你信譽倍增。

其實，這原本就是意料之中的事，因為他的一舉一動贏得了顧客對他的信任。在對方的心目中，他成了一個可靠的人，成了一個可以信賴的人。

記住對方的名字

記住人家的名字，而且很輕易地叫出來，等於給別人一個巧妙而又有效的讚美。

好記憶拉近距離

卡內基開車到新澤西大西洋城的一個加油站加油，加油站的主人認出了他，雖然他們只是在四十年前見過面的。這太讓卡內基吃驚了，因為以前他從未注意過這位先生。

「我叫查理斯，咱們曾在一所學校讀書。」他急切地說。

卡內基並不太熟悉他的名字，還在想他可能是搞錯了。可是他叫出了卡內基的名字，還提到了那所學校。他見卡內基還是有些疑惑，就接著說：「你還記得比爾嗎？還記得哈利嗎？」

「哈利！當然，他是我最好的朋友之一。」卡內基回答。

「你忘了那天由於天花流行，貝爾尼小學停課，我們一群孩子去法爾蒙德公園打棒球，咱們倆是同一隊的？」

「勞森！」卡內基叫著跳出汽車，使勁和他握手。

【業務重點】業務員第一要件要能叫出對方名字

資料顯示，有90%以上的人，學會寫的第一個字就是自己的名字。這個調查結果足以顯示人們對自己的重視，對自己名字的重視。名字往往是一個人在社會上最常用的身分證明和通行證。每一個人都希望別人尊重自己，重視自己，都希望別人尊重自己的名字，重視自己的名字。

名字的魔力是巨大的，它能讓銷售人員很輕易地獲得客戶的好感。如果銷售人員在拜訪客戶時，能夠用非常流利和尊重的方式稱呼客戶的名字，客戶一定會感到親切，並願意坐下來和這個銷售人員聊一聊。

怎麼正確地記住呢？如果沒有聽清楚對方名字，那麼恰當的說法是：「您能再重複一遍嗎？」如果還不能肯定，那麼就應該說：「抱歉，您可以告訴我是怎麼寫的嗎？」多重複幾遍，印象就會深刻得多。如果一個人的名字實在太難記了，不妨問問這個名字的來歷。許多人的名字背後都有一個浪漫的故事，很多人談起自己的名字比談論天氣更有興趣。

微笑是最好的敲門磚

當你微笑的時候，世界也跟著笑了。

微笑的價值

幾位人力資源經理在一起開座談會，談到應該雇用什麼樣的人才時，他們各有各的說法。有的認為要雇用學歷較高的人，因為學歷高的人學習能力強。有的認為學歷高的人能力未必強。

最後，大家請一位公認經驗豐富的經理來評價，結果他說：「要是一個女孩子經常發出可愛的微笑，那麼，她就是小學程度我也樂意聘用；要是一個哲學博士，老是要擺個撲克面孔，就是免費來我的公司當店員，我也不要。」

【業務重點】讓自己變得更快樂

行動往往比言語更具體。當一個人微笑的時候，這表示他在說：「我喜歡你。你使我快樂。見到你，我很高興。」可見，微笑永遠是受歡迎的，它來自快樂，也可以創造快樂。

推銷怪傑巴赫有個建議：在你心目中確立一個你喜歡的目標，然後朝著目標勇往直前，不可轉移。當你把全部精神集中在你所喜歡的事業上時，在往後的歲月之中，你會發覺，你所渴望的機會，接踵而來，你都掌握到了。這就像珊瑚靜止於水中，而它所需要的原生物卻不斷地送上門來。

你要時時把自己想像成有才幹，待人誠懇，有益於社會的高貴人士，而這種思想，必然時時刻刻改變你，使你的人格逐漸接近這種典型。你要知道，思維的力量是無與倫比的。

心中經常保持一種健康的心理狀況：毅力、誠實、愉悅。正確的思想乃是創造之母。我們想要獲取什麼成就，只要心想就會事成，總會有收穫，抬起頭來，放開深鎖的眉頭，你就是明日的主宰。

【典範】一個微笑價值一百萬

成功學大師卡內基的訓練課程中，有一個星期的時間，是訓練學員怎樣時時刻刻都對別人微笑的。能夠成功將微笑融入生活的人再回到講習班上來，談談所得的結果。那麼情況大都如何呢？

我們來看看威廉·史坦克寫來的一封信，他的信是很有代表性的一例。

史坦克是紐約證券股票市場的一員，長期緊張的工作幾乎讓他的臉部表情僵硬，參加了微笑訓練後，史坦克在演講中說：「我已經結婚十八年了，在這段期間裡，每天早晨，我很少對我妻子微笑，或對她說上幾句話，我是證券交易所最悶悶不樂的人。」

「既然你認為微笑可以幫我解決問題，我就決定試一個星期看看。因此，第二天早上梳頭的時候，看著鏡中愁容滿面的我，就對自己說：『今天要把臉上的愁容一掃而光。你要微笑起來，現在就開始微笑。』於是我就讓自己微笑起來。當我坐下來吃早餐的時候，我微笑著對我妻子說：『親愛的，早安！』你曾說她可能會大吃一驚，你低估了她的反應，她簡直是目瞪口呆，驚詫萬分，還以為有什麼地方出了問題。看到她的表情我不禁大笑，我對她說，你以後會習慣我這種態度的。現在已經兩個月了，這兩個月下來，我們家比以往任何時候都幸福。」

「現在我去上班的時候，就會對大樓的電梯管理員和門口的警衛微笑地說『早安』；當我跟地鐵的出納小姐換零錢的時候，我微笑著；當我站在交易所時，我會對那些從未見過我的人微笑。」

「我很快發現，每一個人也對我報以微笑。無論是工作中還是生活中，我都習慣了以一種愉悅的態度對待那些滿腹牢騷的人。我一面聽著他們的牢騷，一面微笑著，於是問題就很容易解決了。我發現微笑給我帶來更多的收入，更大的幸福。『微笑』的確是個好主意。」

絕不能先掛電話

現代資訊工業的迅速發展使得電話成為一個重要的商業工具，許多交易都是在電話中完成的。

掛電話

有一位貿易公司的秘書，恰好在她忙得不可開交時，接到一個客戶打來的電話，她在聽了客戶一番長長的問題後，只做了簡單的回答就掛了電話。

客戶還沒有說再見，就聽到她這邊「喀嚓」一聲掛了電話，一下子就愣住了，這個客戶並沒有想到對方會在他之前掛斷電話，心裡十分不快，漸漸地這個客戶與這家貿易公司的聯繫愈來愈少，貿易公司最後失去了這個客戶。

【業務重點】接、掛電話都是重要的推銷技巧

電話是現代人普遍的聯繫方式，也是一種十分重要的推銷方式。掌握電話銷售對於銷售人員來說是十分必要的。首先要知道的是，電話中不僅傳遞了你的聲音，也傳遞你的情緒、態度和風度。

雖然電話是透過聲音交流，客戶看不見你，但你的情緒、語氣和姿態都能透過聲音的變化傳達給對方，電話是與顧客溝通交流的有效途徑，接聽電話是需要講究禮儀的。

有些職場中人，在這方面就相當欠缺。往往在接聽電話時，還沒等到客戶說「再見」，就重重地掛上電話，雖然這只是一個很小的細節，但卻是一個十分不禮貌的行為。

不管你手上有多少工作需要盡快處理，也不可粗魯地掛斷電話，這會讓客戶感到你不懂禮貌，素質太低，對你產生壞印象。而且還會影響你與客戶之間的溝通與交流，進一步影響與客戶的生意交流。

不正確的接聽電話的方式會使你失去重要的客戶，這是多麼的不值得啊！因此，接每個電話時，都要將對方視為自己的朋友，態度懇切、言語中聽，使對方樂於與你交談。

接聽電話時，應注意傾聽對方的談話，這不僅是對他人的尊重，也表現出你的修養和氣

質。同時，適當地給予回應，讓對方感到你有耐心、有興趣聽他講話，這無疑會使對方信任你，客戶的信任對你的工作是很有利的。

接電話的時候，應該秉持多聽少說的原則。不論你有多忙，你也不應該急於掛斷電話，更不可露出不耐煩的情緒。尤其是接聽抱怨你的工作或公司情況的電話時更要耐心、專心地傾聽。在電話交談時態度冷冰冰的，急於為自己為公司爭辯，不能平心靜氣地聽對方說話，甚至不耐煩地掛斷電話，這些做法不但不能解決問題，還會進一步激化矛盾，使得問題更難解決。遇到類似情況，首先得耐心聽對方把話說完，然後再分析問題到底出在哪裡，最後再平心靜氣地與對方商量解決辦法，這樣不但留住了客戶，而且還給客戶留下了極好的印象。

掛電話的方式也是很有講究的。一般來說，通話完畢，打電話的一方應先掛斷電話，等對方掛了電話之後，你再輕輕地放下話機。某些情況下即使是你主動打的電話，若對方比你的職位高、年齡大，你也應該讓對方先掛電話，然後自己再掛斷。

在小小的名片上做足大大的工夫

一張小小的名片是你與客戶間的第一次接觸，而良好的第一印象是成功的前提。

名片上的數字

有位人壽保險的銷售人員在自己的名片上印上了一個數字：「七六六〇〇」。每當顧客接到他的名片時，總是問他：「這個數字是什麼意思？」他就反問道：「您一生中吃幾頓飯？」幾乎沒有一個顧客能答出來。

這個時候，他就可以乘機發揮了。他說：「這個數字的意思就是我們一生能吃的飯的頓數：七六六〇〇頓飯。假定退休年齡是五十五歲，按日本人的平均壽命計算，您還剩下十九年的飯，即二〇八〇五頓……」透過這種方式，他總能誘導一個本來不願參加人壽保險的人深刻感受到人壽保險的必要性，從而簽定保單。

【業務重點】設計一張好的名片

不要小看你的名片，它對你來說，可是一件有力的推銷工具呢！

喬．吉拉德針對這個問題說過這樣的一段話：

「如果我只能依靠一樣推銷工具來做生意，日子一定不太好過。我之所以有今天，是因為我總是在使用各種有用的推銷工具。但是，如果有一天一定要我做出這種不可能的選擇，即只選一種工具，那麼，在眾多的推銷工具中，我可能會選擇名片卡。我所說的名片卡，並不是經銷商印刷的那種名片，他們把銷售人員的名字印在名片的角落上，不惹人注目。我有我自己的名片，格式非常特殊，我的名字十分醒目，甚至上面還有我的照片。」

成功的銷售人員的名片都是經過精心設計的。一九六九年進入豐田汽車公司的椎名保文僅用四年的功夫，就賣出一千輛汽車，頗讓他的同事們為之瞠目。

他在豐田長達十七年之久後，他的名片上印著這樣一段話：「顧客第一是我的信念，在豐田公司服務了十七年之久是我的經驗，提供誠懇與熱忱的服務是我的信用保證。請您多多指教。」

這段文字是手寫體的。這張名片比一般的大兩倍，除了公司的名稱、住址、電話以外，上方還寫著「成交五千輛汽車」，並貼著一張椎名保文兩手比成V字的上半身照片。名片的背面，印著椎名保文的簡歷，上面寫著「一九四〇年生於福島縣」及前文所提銷售汽車數量的個人紀錄，末尾則記著他家的電話號碼。

這種「自我推銷」工具能夠讓人一目了然，可以說是那些成功銷售人員之所以成功的秘訣之一。

一片口香糖也能是一塊大大敲門磚

女性是一個龐大的購買群，得到女性的認可，你的工作就成功了一半。

一片口香糖的威力

有一位銷售人員經常這樣做，他每到一個公司，首先問秘書小姐：「總經理在不在？」秘書小姐說在就好辦，若說不在，不管對方是否撒謊，他都一聲長嘆：「真不巧。吃一片口香糖吧！這種口香糖可以潤喉、清嗓，使人的聲音更甜美。」然後再與她聊一會兒，留下一包口香糖離去。這樣一來自然引起秘書小姐的好感。

【業務重點】打動女人的芳心

對秘書小姐送些小禮品，既實際，又不失禮，還能解決問題，這是一流推銷高手的共識。

只要掌握女人的弱點，那麼討得她們的歡心是不難的，比如你別出心裁做出一個出人意料的舉動，做了別人做不到的事情，言語正中下懷，就很容易得到她的信服和青睞。

女性需要什麼？這是一個很難直接回答的問題，因為女性是感性的動物。雖然很多企業都把女性當作自己產品的潛在消費者，因而在自己的廣告中千方百計地誘導女性來購買自己的產品，但是無疑地，女性的警惕性也相對提高。

獲取女性消費者的認同，對男性銷售人員來說，似乎更困難一些。但是，一旦你獲得了女性的信任，那麼她就會對你放鬆警惕，敞開心扉，進而購買你的產品。

故事中的銷售人員憑藉一塊口香糖討得女秘書的歡心並不是天方夜譚，因為女性並不需要你付出多大的代價，而只要求你能夠打動她們的芳心。

說該怎麼說，關係著成敗

說話是一種藝術，也是一種訣竅，必須掌握這種藝術才能獲得成就。

魏文侯封地

戰國時期，魏國吞併了中山，魏文侯把這塊剛得來的土地，分封給了自己的兒子。他想聽聽臣子對這件事的反應，於是有一天召集群臣，他問群臣：「我是個怎樣的君主？」

「仁君。」群臣答。

但是任座卻說：「分封土地，給兒子而不給弟弟，算什麼仁君？」

魏文侯聽後，心中不悅，臉也沉了下來，揮手叫任座出去。任座因此離座而去。

文侯又問翟璜：「我是不是個仁君？」

翟璜答：「我認為是個仁君。」

「你為什麼這樣認為呢？」文侯追問道。

翟璜說：「我聽說，『君主仁義，下臣就耿直』。剛才任座，說話那麼直率，就足以證明您是位仁君。」魏文侯聽後羞喜交加，趕緊派翟璜把任座請了回來。

【業務重點】會說話的人如有千軍萬馬

按說，魏文侯提出的問題翟璜是很難回答的。且不說這涉及到一邊是國君，一邊是同僚，怎麼說都不行，何況還要修復君臣之間的團結關係，更是難上加難。然而，翟璜卻以一句非常得體的話完成了這項任務。可以看出，翟璜是一位很會說話的人。

在國外，會「說話」的例子也很多。

拿破崙曾經說過：「軍隊戰鬥力的四分之三是由士氣組成的。」高昂的士氣是一支部隊的活力所在。將有敢戰之心，士有獻身之志，才能克服困難，戰勝強敵。

那麼士氣又從何而來呢？來自將帥之舉動，來自高超的語言藝術。

第二次世界大戰時，蒙哥馬利元帥在諾曼第戰役中曾視察了所有的部隊，檢閱了一百多萬官兵，發表了五十多次演說，他那高超的語言藝術有力地鼓舞了全體將士。有位士兵說：「元帥的演說和他那頂綠色貝雷帽，給了我撲向死神的力量！」

有個歷史學家也稱：蒙哥馬利元帥的演講藝術是他左手中的武器，其威力不亞於他右手中的飛機、火砲。

一個人的說話技巧，可以顯示他的智慧和能力。口才好的銷售人員，說話說得讓人欽服，往往可以很順利地推銷商品，就是胸無點墨的人，往往也因為會說話而博得顧客的信任。可見，好的口才是多麼的重要。

抓住重點展開銷售

忙了半天才發現搞錯了重點：跟不對的人、談不對的事，真是狀況外！

黃金做的魚鉤

有一個人非常喜歡釣魚，他認真對待釣魚這件事情。不過他認真的方式和別人不同，別人是盡可能地提高釣魚水準，而他呢，卻是在魚竿上花費心思。

你看他，居然用黃金做了一個魚鉤，在釣竿上鑲滿名貴的玉石，用翠鳥華麗的羽毛做成釣竿的線。還有釣餌，是用肉桂做的，可能肉桂是一種名貴的香料的緣故吧。他心想：這麼香的東西，魚肯定喜歡的。

釣魚的時候，他還在想，我得選個好點的環境，說不定魚兒會游到這裡來呢；我的姿勢也不能太馬虎了，免得魚兒生氣。於是，他手持漂亮的魚竿，選了一個幽雅的環境，擺了一個特別優美的姿勢，嘴裡還不停地講一些讚美魚兒的話。

然而，像他這樣的人，果真能釣上得魚嗎？

這個人忘記了自己的對象是魚而不是仙女，所以他的那些諂媚的舉動也就沒有一點用處。這啟示銷售人員，在推銷自己的產品時，一定要看清對象再說話，光說好聽的話有時反而會弄巧成拙。

【業務重點】抓住重點，避免不切邊際

特別是對年齡大的顧客介紹產品必須有一定的技巧，那就是介紹一定要恰如其分，符合事實。倘若產品確實一般，千萬不要過分吹噓，否則，是收不到任何效果的。最好的辦法是讓對方識貨，你應該有選擇地抓住重點介紹，這樣更容易引起顧客的注意。如果銷售人員光是剃頭擔子一頭熱，是很難招攬生意的。

向年齡大的人推銷產品，更應該注意不能喋喋不休地介紹產品，他們的傳統觀念如「酒香不怕巷子深」等會更讓他們懷疑你，甚至把你當成油嘴滑舌的騙子。所以跟這群人推銷時，一定要掌握好分寸，即不僅讓對方了解了產品，又覺得你的言語恰到好處，他們才會放心地購買你的產品。

胡亂吹噓是不負責任的做法

說大話的結果是砸了自己的招牌。

說大話的銷售人員

有一位醫生，近幾年來一直都使用某家藥廠的產品。突然有一天，他完全不再使用該藥廠研製的產品了。為什麼？因為該廠有一位推銷員到他的診所放下一瓶藥丸說：「這個對你所有的氣喘病人都有效。」醫生很生氣地說：「他還真有膽量對著我說這種瞎話，我有一些病人已使用過，一點效用都沒有！」

【業務重點】有幾分說幾分，吹噓是愚蠢的

有的推銷人員確實會這樣做，明明是六十八歲時的保單現金值，卻說成是六十五歲；張力

強度只有每平方尺四千公斤，卻說成六千公斤；某種耳疾的治癒率只有六十三%，但卻被說成九十三%。

把自己的產品吹噓得天花亂墜，既是對客戶的不誠實、不尊重，又是在做砸自己招牌的事。要想在推銷業保有良好的聲名和業績，就不能做出讓對方指著說：「你告訴過我這樣、那樣，那真是天大的謊言！」

吹噓是一很愚蠢的事，也是非常沒有必要的。有一種複印系統的複印品質非常高，如果印量不是很大，那會是很理想的產品。在一般情況下，一次複印二十五頁至三十頁之間，它都能維持在高品質的狀態，但銷售人員決定還是保守一些，對外保證在二十五頁內都能有高品質的結果。

現在，如果他們這麼說：「我們一次可以印出二十五頁清晰的複印品，如果你對影印機的加熱系統有所了解，而且控制良好，也許可以再多增加幾頁，但是不能每次都這樣，還是以二十五頁為標準。」這樣一來，客戶至少可以得到二十五頁的良好影印品，偶爾還可得到三十頁，他們會很高興。

但是，有些「聰明」的銷售人員卻這麼說：「這是非常了不起的產品，一次可印三十頁以上。」客戶買了以後，他的印量雖能維持在二十五—三十頁之間，但請注意，這位客戶卻很生氣，因為他被銷售人員的過度吹噓欺騙了。

如果你想維持長久的信譽和生意，就不要過度吹噓，因為那是自砸招牌的說法。

【典範】用真誠打動客戶

李嘉誠年少的時候去酒樓推銷鐵桶，由於年齡小，又沒有任何關係，老闆不留情面地拒絕了他。李嘉誠沮喪地走出那家酒樓，但是沒走幾步，李嘉誠就站住了。他不是一個輕易認輸的人，不甘心的他想知道自己究竟哪裡不對，於是他又回到了酒樓。

再見到老闆時，老闆剛想不耐煩地打發他走，李嘉誠搶先說：「我這一次不是來推銷鐵桶的，我是來求教的。請問我到您這裡推銷時，我的動作、言辭、態度等有什麼不妥當的地方嗎，讓您那麼堅決地回絕了我。請您給我指點迷津。我是個新手，您比我有更豐富的經驗，在商界您已經是個成功人士了，我非常希望能得到您的指點，來改進我的不足之處。」

李嘉誠虛心而坦誠的求教精神和真誠的態度感動了老闆，老闆立即改變了拒人於千里之外的冷漠態度，不僅向李嘉誠提出了寶貴的建議，還向這個真誠的少年訂購了鐵桶。

讓對方感到合情合理

銷售人員推銷的過程，就是一個名副其實的說服的過程，說服原本不想購買的人購買它。

言外之意

羅斯福在當選美國總統之前在海軍裡擔任要職。

一天，一位朋友向他打聽海軍在加勒比海一個島上建立軍事基地的計畫。羅斯福向四周看了看，壓低聲音問：「你能保密嗎？」

朋友答：「當然能。」羅斯福笑著說：「那麼，我也能。」

那位朋友愣了一下，接著很快回味出羅斯福的言外之意了。

【業務重點】委婉表達

羅斯福運用「直意曲達」的方式，委婉含蓄地拒絕了朋友的要求，表達了自己不便直說的意思，保守了軍事秘密。

委婉是指在不便於直說的情況下，所使用的一種曲折含蓄的表達方式。這種表達方式，要求說話的人態度和順謙虛，內容婉轉，表達含蓄、有回味。既讓人深省，又容易被對方接受。

著名法國作家貝爾納，去飯館吃飯時對飯菜感到不滿意，付過帳後，請飯館的經理擁抱他，經理不解其意，貝爾納說：「永別了，您以後再也見不到我了。」意思是「我以後再不會上你這家餐館吃飯了。」但這種含蓄的表達方法，意趣柔美，類似「玩笑」，耐人尋味。

委婉法是一種「緩衝」方法，是為了避免與對方直接衝突或給對方留下面子而採取的說話方式。因此，有人稱「委婉」是銷售語言中的「軟化」藝術。例如巧用語氣助詞，把「你這樣做不好」改成「你這樣做不好吧」就更易讓人接受。也可靈活運用否定詞，把「我認為你不對」改成「我不認為你是對的」。還可以用和緩的推託，把「我不同意」改成「目前恐怕很難辦到」。這些都可以達到「軟化」效果。

曉之以情，動之以理

語言就是這樣奇妙，往往於「兵不血刃」中攻城掠地，立下了赫赫戰功。

換新車

湯姆十年來始終開著同一輛車，未曾換過。有許多汽車銷售人員跟他接觸過，勸他換輛新車。甲銷售人員說：「你這種老爺車很容易出車禍。」

乙銷售人員說：「像你這種老爺車，修理費相當可觀！」

這些話觸怒了湯姆，他固執地拒絕了。

有一天，有個中年銷售人員到湯姆家拜訪，對湯姆說：「我看你那輛車子還可以用半年。現在若要換輛新的，真有點可惜。」事實上，湯姆心中早就想換輛新車，經銷售人員這麼一說，遂決定實現這個心願。次日，湯姆就向這位與眾不同的銷售人員購買了一輛嶄新的汽車。

【業務重點】用體貼的語言關心對方

一位十年來不曾換過汽車，愛感情用事的顧客，僅僅被這位中年銷售人員一句體貼、關心的話就說服了，這就是語言的魅力！

用你的口才，對顧客曉之以理，動之以情，相信對說服你的顧客會是很有效的。

有時候，即使兩個人所表達的意思是一樣的，如果其中一人說得婉轉、真切一些，且言詞中處處為別人著想，這個人肯定更能贏得人心。事實上，只說自己知道什麼和自己想要得到什麼的銷售人員一定會被客戶拋棄。

話只有說到別人的心坎裡才會發生作用。如果你能說出別人想說的話，他一定會把你當作知己。這樣就在無形中拉近了你們的距離。這個時候，再談銷售問題，對方就容易接受得多了，至少他會聽你講下去。否則，恐怕連講下去的機會都沒有。

第七章 以耐力笑對失敗

銷售是一件很苦的事情，當面對失敗的時候，我們究竟該怎麼辦？

當每一天去拜訪不同的客戶的時候，你有沒有退縮過？

銷售的確是意志的磨練。一次次地失敗，有時真的會讓你意志消沉，陷入自責，但不管怎樣，你必須振作，歸納教訓，再次出擊。

堅持就是勝利

一個人想完成任何事，只要能夠堅持下去，就一定能夠取得成功。一個人做一點事並不難，難的是能夠持之以恆地做下去，直到最後成功。

甩手

蘇格拉底要求他的學生們每天都做甩手的動作。學生們認為太簡單，都說自己百分之百能做到。一個月後，蘇格拉底來檢查，有九十%的同學驕傲地舉起了手。又過了一個月，蘇格拉底又問，這回堅持下來的學生只剩下八成。

一年過後，蘇格拉底再一次問大家誰做到了，這時，只有一個人舉起了手，這個學生是柏拉圖。

【業務重點】堅持與否是成敗的分水嶺

許多事情看似容易，其實不簡單，最重要的一點就是堅持不下去。由此可見毅力之可貴。

銷售人員的工作是易遭拒絕、易受挫折的工作，也是最容易讓人厭倦的工作。許多銷售人員忙忙碌碌，卻沒有取得成功，不是因為不努力，而是缺乏堅持不懈的精神，遭遇拒絕就不再與客戶聯繫，一遇到挫折就放棄自己的追求。

根據一項調查的結果，人們發現，銷售失敗的主要原因是業務員不能堅持下去。四十八％的銷售人員遭到一個客戶的拒絕之後就不做了；二十五％的銷售人員遭到兩個客戶的拒絕之後就不做了；有十五％的銷售人員遭到三個客戶的拒絕之後就不做了；有十二％的銷售人員遭到三個客戶的拒絕之後，繼續做下去，八十％的生意就是這些銷售人員做成的。

由此可見，銷售人員要想取得良好業績，只有靠堅持不懈地付出努力。

及時改正錯誤

有錯就改，亡羊補牢猶未晚！

富蘭克林改正缺點

富蘭克林被稱為「美國聖人」。他在年輕的時候是一個非常喜歡與人辯論的人，並且如果辯論沒有分出高下，就絕不甘休。

有一天富蘭克林突然警覺到他經常失去朋友，他此時才開始警覺到他太愛爭強好勝，始終跟別人相處不來。他坐下來列了一張清單，把自己個性上所表現的一些缺點全部列在上面，一一進行改正。結果，他變成了美國最得人心的人物之一，受到大家的尊敬和愛戴。當殖民地有十三個州需要法國的援助時，他們派富蘭克林去，法國人對他的印象奇佳，他果然也不負使命。

【業務重點】勇敢認錯

富蘭克林及時地改正了自己的錯誤。在銷售工作之中，你肯定也會經常犯錯誤，沒什麼不好意思改正的。犯錯誤不可怕，可怕的是犯了錯誤還死要面子。

在銷售工作中出現失誤是誰都不願意看到的，但「人非聖賢，孰能無過」，犯錯總是難免的。對待錯誤的態度從某種程度上，可以說是一個人的敬業精神和道德品行的表現。是自己的責任就要一肩挑，一定不能推卸，要誠懇地承認錯誤，並積極地尋求補救的辦法。如果不是由於自己的過失造成的，就不要急於替自己辯護，應首先周到地為客戶提供服務，等事情妥善處理以後，真相自然會水落石出。

無論做什麼事情，都會有好的一面和不好的一面，關鍵是我們在看到不好的一面時，要找到一些具體的改進方法，從而歸納經驗再一步步往前走。

永不放棄

遭到拒絕是成功的開始。

爬牆的螞蟻

你見過爬牆的螞蟻嗎？牠們總是聚精會神地向上爬行，摸索著往牆頭的最佳路線。但是，一不小心，掉下來了。接下來，牠們會放棄嗎？不！你看牠們又開始爬行了；又掉下來了，牠們又開始向上爬行了。如此反覆，最後牠們終於爬上了牆頭！

【業務重點】反敗為勝

在銷售工作中，我們可能也會遇到類似的情況——一次次的拜訪被客戶拒絕。在這樣的情境之中，我們該如何面對，並且如何能夠反敗為勝呢？

首先，我們要有必勝的信心。關於信心的話題前面多次談到，這裡就不再強調了。不過有一點我們也許深有體會，我們總能聽到在體育比賽中，弱隊戰勝強隊，大爆冷門；或是在商戰中，實力弱的公司戰勝實力強的公司。在諸多因素之外，充滿必勝的信心去迎接挑戰，是取得成功的一個非常關鍵的因素。

其次，主動出擊，不要讓自己陷入被動的漩渦。在挫折面前，不要被動等待，主動出擊有助於反敗為勝，而且主動出擊的速度要快，就如同獵人追捕兔子一樣。這句話的意思是：我們如果想抓一隻兔子，就不應該待在家裡，而要到兔子經常出沒的地方去，然後拿出自己抓兔子的本領。在銷售工作中，如果我們前幾個客戶都拒絕了我們的產品，此時如果我們再不採取行動，轉去別的公司銷售我們的產品，對前面的客戶只是靜候「佳音」，最後其他的公司也不會主動找到我們。那麼我們的等待只會浪費時間，坐失機會。

最後，盡最大的努力。只要擁有足夠的熱忱，任何人都可能成功。聽說過九十九步和一百步的故事嗎：兩個年輕人都想拜一位高人為師，高人拒絕了，但兩個人跟在高人後面，高人上一節台階，他們也上一節，同時說：「先生收下我吧！」但有一個人到了第九十九節台階放棄了，而高人最後收下了堅持到最後的那個年輕人。我們大多數人的智慧、能力、機會或才智都是不相上下的，但是有的人盡自己最大的努力，堅持到最後，走向了成功；而有的人半途而廢，沒有盡自己最大的努力，最終一無所獲。

【典範】勇敢頑強的意志

日本的松下公司打算招聘一批推銷人員，考試包括筆試和面試，這次招聘的人總共有十名，可是應聘者卻高達幾百人，競爭非常激烈。經過一個星期的反覆研究，松下公司從這幾百人中挑出了十名在各方面條件都較突出的應聘者。

總負責人松下幸之助親自過目了入選者的名單，令他感到意外的是，面試時給他留下了良好印象的神田三郎並不在名單中。於是，松下幸之助馬上吩咐下屬去複查結果是否有誤。

經過複查，下屬發現神田三郎的綜合成績相當不錯，在幾百人中名列第二。由於電腦出現故障，把分數和名次排錯了，電腦顯示結果將神田三郎排在二十六名。松下幸之助聽了，立即讓下屬改正錯誤，盡快給神田三郎發錄取通知書。

第二天，負責辦這件事的下屬向松下幸之助報告了一個讓人吃驚的消息：由於沒有得到松下公司的錄取，神田三郎竟然跳樓自殺！當錄取通知書送到時，他已經死了！這位下屬不無內疚地說：「太可惜了，這樣一位有才華的年輕人，我們沒有錄取他。」

松下幸之助聽了，搖搖頭說：「不！幸虧我們公司沒有錄取他，意志如此薄弱的人是成不了大事的。」

轉變心念會發現世界更廣

最糟糕的問題不是失敗，而是你鑽牛角尖。

馬修．亨利的自省

著名的宗教家馬修．亨利，有一天遭遇強盜搶劫。當天晚上他在日記本上寫著：讓我心存感激。首先，我從未被搶；其次，他們雖然搶走了我的皮包，卻沒有搶走我的生命；第三，他們雖然搶了皮包，裡面卻沒有很多錢；還有第四，是我被搶，又不是我搶別人！

【業務重點】堅信自己

心念一轉，你就會發現一個更廣闊的世界。沒有失敗，何來成功？沒有拒絕，談何推銷？拒絕只是對銷售人員的最基本的考驗，如何把拒絕變成接受，是每一個銷售人員在心底必須自信能做到的事情。

顧客的「不」並不完全就表示他拒絕，客戶只不過是在表示「多告訴我一點，我還不很相信」。銷售人員不用擔心一再地嘗試成交會是一種引起客戶不滿的原因。事實上，所有有效的推銷，都含有壓力的作用。因為要改變一個人的心意，必須適當地運用一點壓力。

推銷並不總是一帆風順的。只要銷售人員對自己有信心，這種不利的情況即可改善。要堅信你自己，且要相信失敗是不可避免的。相信你自己，你是自己唯一可信賴的人。你應為你的失敗並不像別人那麼糟而感到驕傲和慶幸。你的智慧是無窮的，你多年累積的經驗更是驚人的。

失敗不意味著放棄

商場如戰場，完全可以把自己想像成一位堅忍不拔的勇士，每一次的鬪關，都存在勝利的可能。

邱吉爾的信念

第二次世界大戰後，邱吉爾應邀在劍橋大學畢業典禮上發表演講。他的演講內容是什麼呢？大家都很期待。只見他堅定地走上了講台，一如一個偉大的統帥。他注視觀眾之後大約沉默了兩分鐘，然後鄭重而嚴肅地開口說：「永遠，永遠，永遠不要放棄！」接著又是長長的沉默，然後他又一次強調：「永遠，永遠，永遠不要放棄！」最後在他再度注視觀眾片刻後驀然回座。

當時台下的學生們都被這句簡單而有力的話所深深震撼住。

【業務重點】機會在最後時刻到來

邱吉爾堅定的信念確實鼓舞人心。有些銷售人員上銷售課程，以及聽過資深銷售人員的經驗講解後，往往會產生一種興奮的激情，會把銷售想成非常快樂的職業。每天東奔西走，又不用坐著上班，也沒人盯著自己，想到走進客戶的辦公室，客戶非常熱情地泡茶遞菸，笑臉相迎，並且大聲說：「啊，你來得正好，我們太需要你們的某某商品了，真是雪中送炭啊！」這些場景只能發生在銷售人員的睡夢之中，現實生活中是不可能的，如果大家都那麼缺少商品，那為什麼要銷售人員去推銷？在公司銷售部門坐著等客戶上門就是了。故此，在選擇銷售這一職業的同時，要對困難有所準備。

因此，敬業精神是所有優秀銷售人員共同具備的素質。失敗乃成功之母，要在失敗中站立起來，一帆風順的事在銷售行業中是微乎其微的。你要記住：銷售人員永遠是一位孤獨的戰士，在不斷地被人趕出門後，還能再次舉起手來敲門，也許，機會就落在那最後的一次敲門聲上。

【典範】保羅．高爾文的反敗為勝之路

成功之路只有一條，而且並非一帆風順，有失才有得，有大失才能有大得，要禁得住考驗，屢敗屢戰。

保羅．高爾文是個愛爾蘭農家子弟，這位年輕人充滿進取精神。第一次世界大戰以後，高爾文從部隊回來，他在威斯康新辦起了一家電池公司。可是無論他怎麼賣勁推銷，產品依然不暢銷。

有一天，高爾文離開廠房去吃午餐，回來只見大門上鎖，公司被查封了，高爾文甚至不能再進去取出他掛在衣架上的大衣。一九二六年他又和朋友合夥做起收音機生意。當時，全美國估計有三千台收音機，預計兩年後將擴大到一百倍，但這些收音機都是要使用電池的。於是他們想發明一種燈絲電源整流器來代替電池。這個想法本來不錯，但產品還是不能擴大銷路。眼看著生意一天天走下坡路。此時高爾文想出一個辦法，透過郵購的銷售辦法招攬了大批客戶。他手裡一旦有錢，就辦起了專門製造整流器和交流電真空管收音機的公司。可是不出三年，高爾文依然破了產。這時他已陷入絕境，到一九三〇年底，在帳面上他的製造廠已淨虧損三百七十四萬美元。

在一個週末的晚上，他回到家中，妻子正等著他拿錢來買食物、交房租，可是他摸遍全身只有二十四美元，而且全是賒來的。然而，他就是憑藉著這種屢敗屢戰的決心，經過多年的不懈奮鬥，最終獲得了成功。如今的高爾文早已家財萬貫，他蓋的豪華住宅就是用他的第一部汽車收音機的牌子命名的。

保羅．高爾文和我們的銷售工作有時候所遇到的困難相一致，就是他的產品老是銷路不好，可是他屢敗屢戰，最後終於獲得了成功。同樣，銷售人員的人生之路也許坎坷不平，何不試試這些法則呢？必勝的信心＋主動出擊＋屢敗屢戰＋盡力而為！說不定，你會發現，在堅持這些法則行動的時候，你在不知不覺中已經反敗為勝了！

不要乞求別人的施捨

困境中的人需要幫助，但如果這種幫助是以放棄自尊為代價的，那就應該拒絕。

自尊的人

一個衣衫襤褸的鉛筆銷售人員，在紐約街頭推銷鉛筆時遭遇了難堪：一個富商看到他的窮苦頓生憐憫之心，打算給予其一點施捨。他把一美元丟入鉛筆銷售人員的懷中，然後就頭也不回地走開了。

但令他感到驚訝的是，鉛筆銷售人員追上了他，並拿出十支鉛筆說：「先生，您付了錢，但忘了取走您的鉛筆。」

富商說：「我並不需要鉛筆，我只是想幫你。快把鉛筆收起來，到別處去賣吧。」

銷售人員卻堅持：「您是一個商人，您的客戶把錢匯到您的帳戶，您就得給客戶他想要的

產品。我也是一樣。您付了錢，我就要把您買的東西送到您手中。」

【業務重點】自己自足，豐衣足食

銷售人員必須記住，自尊是自己最大的財富，失去自尊的人永遠無法獲得事業上的終極勝利。成功的銷售人員，應該具備一股鞭策自己、鼓勵自己的內驅動力，這種動力來自於積極的心態。只有與自己進行正面的對話，銷售人員才能獲得更大的力量，邁向更高的境界。

良好的心態本身就是最高明的銷售技巧，無論何時何地，使用正面的自我對話，保持積極的心態都是銷售成功的關鍵。

因為失敗而覺得自己一無是處，由此產生放棄一切的心理，是導致你一蹶不振的真正原因。不管做什麼事，如果半途而廢，就等於承認了自己的無能。其實，水井只要繼續挖，總有出水的一天。因此，當你沒有取得預期的成果時，不妨想想：「把井再挖一尺看看。」

讓失敗成為一個可敬的老師

正確判斷拒絕理由，有助於你的成功。只要在這些理由中發現一線希望，就應鍥而不捨。

剛剛開始

美國一所大學期終考試，教授把試卷分發下去。當學生們注意到只有五道評論類型的問題時，臉上的笑容擴大了。三個小時過去了，教授開始收試卷。學生們看起來不再自信了，教授俯視著眼前那一張張焦急的面孔，然後問道：

「完成五道題目的有多少人？」

「四道題？」

「三道題？」

「兩道題？」

「那一道題呢？」

整個教室仍然很沉默。教授放下試卷，「這正是我期望得到的結果。」他說，「你們都會通過這個課程，但是記住：即使你們現在已是大學畢業了，你們的教育仍然還只是剛剛開始。」

【業務重點】戰勝自己

學生們的教育從畢業開始，而你的銷售則從被拒絕開始。

既然拒絕是常事，那麼，並非不可以從拒絕中學到東西。比如，我們在遭到拒絕時，不妨做出提問，並且從拒絕的理由中去判斷對方為何拒絕。

客戶說：「倉庫裡還堆著一大堆某種商品呢，我們不要你們的商品。」這時候，你不妨去客戶的倉庫看一看，是不是真的有一大堆同類商品。如果沒有，則可能是客戶的推拖之詞，而且很可能他們需要，因為他說的不是「我們用不著，我們不用」。而是說有一大堆擱在那裡。因此這個客戶不能輕易放過，再回去問，客戶就可能說，已經訂貨了，你來晚了。然而，你千萬不要以為他們真的已經訂貨了，這也是想支開你的理由。據日本行銷公司調查，客戶在拒絕推銷時，七十%的客戶都沒有什麼正當的理由拒絕。而且，三分之二的人都是在說謊。

面對這種情況，你要不斷給自己打氣，要想到希望也許就在下一家。有一位幾十年來成績一直非常優秀的銷售人員說：「我每天都給自己計畫訪問多少客戶，隨身帶著一個本子，把訪問過的企業記錄下來，把他們拒絕的理由也記錄下來，以便回家進行分析。」

有些客戶，訪問的次數多了，彼此都熟悉了，還能交上朋友。如果你訪問十次，而該客戶一次也沒有接納你，並且，用各種的謊言拒絕你，客戶多少會有一絲絲愧意。或者被你的真誠所感動，甚至心裡會巴不得有一筆生意要給你做，否則會辜負了你的一片苦心。

在銷售工作中，人情是一大成功因素，有時候你每訪問一個客戶，就相當於做一次感情投資，當客戶想起要還這筆人情債時，你的幸運女神也來拜訪了。

要記住，在行銷活動中，你的敵人不是客戶，而是你自己，要不斷地戰勝自我，對自己說：不！我不能後退，我必須往前走，我的成功就在下一次。

有失必有得

西點軍校前校長本尼迪克特曾經說過：「遭遇挫折並不可怕，可怕的是因挫折而產生的對自己能力的懷疑。只要精神不倒，敢於放手一搏，就有勝利的希望。」

正確面對失去

一個女孩一直悶悶不樂，甚至因此而生病了。神父來探病時問她是什麼原因所導致的。她說自己不小心遺失了一只心愛的手錶。

神父說：「如果有一天你不小心丟了十萬塊錢，你會不會再大意遺失另外二十萬呢！」

「當然不會。」

神父又問：「那你為何要讓自己在丟了一只手錶之後，又丟掉了兩個禮拜的快樂！甚至還賠上兩個禮拜的健康呢？」

【業務重點】克服阻礙

女孩在失去一樣東西的同時也失去了更寶貴的東西：健康。

推銷生涯並非坦途，而是坎坷崎嶇的長途旅行。有平順的日子，也有曲折的時候。當面臨挫折時，不驚慌、不沮喪，更不能以為生活都會像現在一樣不順利，只要你能對自己有信心，對自己的信念有勇氣，你將會撥雲見日，前途又是一片光明。

保持這種態度，你必能克服每天可能出現的阻礙。假如銷售人員心中沒有準備去克服阻礙、克服異議，那他就不算是一名合格的銷售人員，應該考慮轉行了。

其實，再成功的銷售人員也會遭到客戶的拒絕。問題在於優秀的銷售人員認為被拒絕是常事，並養成了習慣吃閉門羹的氣度。他們經常抱著被拒絕的心理準備，並且懷著征服客戶拒絕的自信，以極短的時間完成推銷。

即使這次失敗了，也會冷靜地分析客戶的拒絕方式，找出應付這種拒絕的方法，當下次再遇到這種拒絕的時候，就會胸有成竹了。長久下去，所遇到的拒絕就會愈來愈少，成功率也就會愈來愈高。

百折不撓終有成

富蘭克林說過：「成大事者，必須心靈似上帝，行動如乞丐。」

執著的銷售人員

日本經營之神松下幸之助就遇到過這麼一個具有耐心的銷售人員。

那人是一家銀行的低層職員，為了承攬松下電器公司的業務，一次又一次地跑去向松下報告。由於當時日本企業界習慣於與銀行面對面溝通，松下本無轉移業務的打算，所以第一次就回絕了，以後都是如此。可是這位職員每年總會來拜訪一次，一直堅持了六年。後來，由於情勢的轉變和實際需要，松下公司決定新增往來銀行，生意當然做成了。

【業務重點】永不厭倦

銷售人員推銷產品，常常會遇到客戶的拒絕。其中有的客戶確實不需要，然而，需要的客戶，也會因為多種因素拒絕你的推銷。國外保險業有一個統計資料，在保險推銷中，平均每訪問十六個客戶，才能有一個客戶購買保險，在目前的保險市場，成功率比這還要低得多。

銷售人員要知道，客戶的拒絕是一種常規的態度，我們不能因為遇到一百位客戶的拒絕而灰心，而拒絕是接納的開始。一位客戶剛開始是以冷冰冰的態度拒絕你，時間久了，有可能成為朋友。所以，沒有必要一開始就試圖在短時間內說服客戶，先要接受對方的拒絕。這時候你應該想到，客戶接納我的時機還沒有到，我現在最主要的是接受他的拒絕。但是，我已經把資訊傳遞給他，以後可以尋找恰當的時機和方式，讓客戶接納我，從我的手中購買商品。因此，拒絕是對銷售人員最基本的考驗，不停地拒絕與不停地訪問，簡單的事情必須重複做。如果你因此而厭倦了，那麼你也就失去了成功的機會。

即使成功的機率很低，但只要有可能，就要勇敢地去接受挑戰。也只有勇於接受挑戰，才有成功的可能。

【典範】用磨難做磨練

俗話說，磨難是成功的老師。在原一平整個事業的發展過程中，磨難確實給他賴以成長的

志氣和毅力。

當時，原一平由於受了旅行協會老闆的矇騙，只好到明治保險應聘，那一天是一九三〇年三月二十七日。這是讓原一平刻骨銘心的一天，他發誓要為這天遭受的輕蔑「復仇」。當然這天也是他事業真正開始的一天。

面試的情景令他難堪，主考官似乎壓根就看不起這個又瘦又小的原一平，一開口就下斷語，說保險工作很困難，恐怕他無法勝任。那語氣十分不屑，而且還帶著嘲笑的口吻。

原一平心中那股不怕死的勁頭湧了上來，問清楚後知道不過就是每月一萬元的銷售額後，他勇敢地回答：「我可以完成！」

也許沒有人像他這樣開創事業的，看著別人的冷眼，賭氣跨入保險業的大門。而明治保險不承認他是正式雇員，只答應讓他試試看，給他的職位是「見習銷售人員」。「見習銷售人員」沒有薪水，沒有座位，連辦公的地方都沒有。原一平對什麼都毫不介意，他從住處搬來一張桌子，擺放在辦公室的入口處。此外，還常常被人使喚來使喚去。

那一段日子的處境可想而知，嘲笑和輕蔑的目光時時圍繞著他。表面上原一平處之泰然，實際上心裡卻充滿了悲憤。如果依照他原來的脾氣，可能會大打出手，把許多東西砸個亂七八糟，可是現在的原一平只想到這個職位得之不易，再怎麼樣也要做出成績來。

沒有薪水的日子艱難異常，需要借貸度日，每月一萬元的保險額也並非如想像的那樣容易，賭氣只是說大話，卻變不成實際業績。

雖然住在最低廉的公寓，原一平還是欠房東好幾個月的房租。那時，公寓裡供應免費的早餐，但房東的眼神讓他難以忍受，只能匆匆吃一點，便逃跑似地離開。即便這樣，房東還是下逐客令，原一平不得不在一個黃昏變得「無家可歸」。像諸多的流浪者一樣，他在公園的長椅上安了「家」，在深夜和清晨用免費的自來水洗臉，然後去尋找廉價或者免費的早餐。

原一平知道地鐵口附近有花幾分錢可以吃飯的早餐。還有某個商場門口每天都有免費試吃的食品，如果早一點去，還可以得到好幾樣贈品，只是每個品種的數量都很有限。另外，由於每天要四處奔波，僅車費的開支就很嚇人，原一平根本無力承擔，沒有辦法，只好步行，一天奔波下來常常頭暈眼花。沒有錢，他又強迫自己不吃中飯，每到中午，他都強忍著，離吃飯的地方遠遠的，免得受到飯菜香味的折磨。他常常做夢，夢中各種的美食圍繞著他，任憑他盡情享用。

不吃中飯、不搭乘電車、沒有住房的日子前後持續了差不多一年。儘管他已又黑又瘦，極端疲憊，但面對同事與客戶時，他依然精神抖擻，聲音洪亮。

職業需要他衣著整潔得體，襯衣、領帶、西裝、皮鞋一樣都不能少。原一平節省一切開支，省下僅有的一點錢到二手市場將這些全都買齊。這樣一來，困苦潦倒已接近乞丐的原一平，仍頑強體面地進出明治保險的辦公樓。

令人吃驚的是，面對這樣的艱難困苦，原一平不僅沒有一絲悲哀和痛苦，反而勇氣倍增。他對自己說，這是成功之前必須忍受的磨難，這是鍛鍊原一平的最好時機。

在他看來，困苦和艱難就像一盆溫暖的洗澡水，讓他可以舒展筋骨盡情浸泡在裡面，舒舒服服地洗個熱水澡，然後擦乾水漬，哼著小曲走向新生活。

從三月二十七日開始，到年底結算，原一平每月一萬元的承諾不僅完成了，還超額將近八萬元。這個業績實在是來之不易，想想過去的那段日子，原一平禁不住淚流滿面。

除夕之夜，他特地去拜訪了總經理，也就是當初那位嘲笑他的主考官高木先生。高木先生向他真誠地表達了歉意，笑容滿面地祝賀他的業績。

原一平從來沒有記恨過高木先生，因為他深知，沒有那一次的談話，就沒有保險業的原一平，更不會有後來的「銷售之神」！再說，那時的原一平恐怕也確實沒有什麼可取之處，高木先生無意間造就了原一平脫胎換骨的轉變。

對手讓你更加勤奮

敵人是一把雙刃劍，可能對你造成威脅，但也可能成為你進取的動力。

奧蘭治河兩岸的羚羊

一位動物學家對生活在非洲大草原奧蘭治河兩岸的羚羊群進行過研究。他發現東岸羚羊群的繁殖能力比西岸的強，奔跑速度也要比西岸的每分鐘快十三公尺。而這些羚羊的生存環境和屬類都是相同的，飼料來源也一樣。

於是，他在東西兩岸各捉了十隻羚羊，把牠們送往對岸。結果，運到東岸的十隻一年後繁殖到十四隻，運到西岸的十隻剩下三隻，那七隻全被狼吃了。

【業務重點】感謝對手

東岸羚羊強健的原因在牠們的天敵身上。而西岸的羚羊之所以弱小，正是因為缺少了這麼一群天敵。沒有天敵的動物往往最先滅絕，有天敵的動物則會逐步繁衍壯大。大自然中的這一現象在人類社會也同樣存在。敵人的存在往往會讓一個人發揮出巨大的潛能，創造出驚人的成績，尤其是當敵人強大到足以威脅到你的生命的時候就更是如此。

你沒有必要為了對手的存在而覺得無比的苦惱。你如果換個角度，深入地思考一下，也許會發現，真正促使你成功的，真正激勵你昂首闊步的，不是順境和優裕，不是朋友和親人，而是那些常常可以置你於死地的打擊、挫折，甚至是死神。

畏懼自己的競爭對手，實際上是為自己設了一個圈套，如果你真的跳了下去，那麼你可能從此將失去戰鬥力。因此，感謝你的對手吧，如果他有令人羨慕的銷售業績，那麼他同時也是你的榜樣，你可以以他為標準為自己設定超越他的目標，最後你會發現正是他們使你變得偉大和傑出。

第八章　永不言敗的心理素質

一名專業銷售人員心理素質的鍛鍊，一般需要相當長的一段時間，良好的心理素質和你所實際從事的銷售業務、你自身的領悟能力有很大的關係。穩定而健全的心理條件是你快速地達到銷售巔峰不可缺少的要件。

不想當將軍的士兵不是好士兵

一個人只有渴望成功，擁有強烈的成長慾望，並且執著地努力去做，最後才能獲得自己所期望的成功。

皮革馬利翁效應

在古希臘的賽普勒斯島上，有一位名叫皮革馬利翁的年輕王子。這位王子是一個酷愛藝術的人，其中尤其喜愛雕塑藝術。他經過長期不懈的努力，終於雕塑了一尊女神像。女神的雕像是如此的完美，以至於他感覺自己再也離不開它了，於是他就整天含情脈脈地注視著這尊女神雕像。天長日久，女神竟奇蹟般地復活了，並且做了他的妻子。

【業務重點】要有成功的慾望

從這個故事中我們可以看到，當一個人對一件事情的渴望到達一定程度的時候，夢想就會變成現實。有人曾對眾多白手起家的百萬富翁進行過深入的調查，調查發現這些富翁在早期創業時都有一個共性，即對成功有著強烈的慾望。

強烈的慾望，是打開成功之門的金鑰匙。

如果沒有不斷成長、不斷提升的慾望，那麼，即使機會擺在面前，即使具備足夠的才能，也難以獲得成功。可以這麼說，一個不渴望成功，沒有對成為「超級銷售人員」抱有強烈慾望的銷售人員，是永遠不可能有成功的一天。

如果你想成功，就必須先有成功的慾望。

只有時刻時刻以肯定、正面的自我宣傳，不斷地進行自我教育和自我塑造，你才能走上成功之路。成功永遠屬於那些相信夢想，渴望成功的人。

助人就是助自己

慷慨大方會吸引更多的人追隨你，心甘情願地為你做事。
千萬不能像西楚霸王項羽一樣，收中握著帥印卻遲遲不捨得送出去。

學會布施

從前有一個非常吝嗇的人，他吝嗇到極端的程度，以至於連「布施」二字都說不全，只會「布、布、布……」個半天。

有一天，這個人遇到了佛陀。佛陀想教化他，就告訴他布施的功德：這輩子布施，來世可以享福，這輩子吝嗇，來世一定會貧窮。

這個人聽了之後，馬上起了歡喜心，可是他仍然布施不出去。於是，佛陀從地上抓了一把草，把草放在他的右手，然後要他張開左手，佛陀說：「你把右手想成是自己，把左手想成是別人，然後把這把草交給別人。」

這個人僵持了半天，突然開悟：「原來左手也是我自己的手。」就趕緊把草給出去，自己也為此深感欣慰。第二次他只約花了一分鐘，就把草給出去。後來，他很輕鬆就可以把草給出去。最後，佛陀對他說：「你現在把這把草給別人。」他便把這把草給了別人。

【業務重點】做個慷慨的人

這個有錢人從吝嗇向慷慨轉變的過程真是艱難啊！吝嗇，就是小氣。吝嗇是一種不正常的心態和行為。《顏氏家訓．治家》曰：「吝者，窮急不恤之謂也。」可見吝嗇是一種有能力資助或幫助他人，卻不肯付諸於行動的行為。

吝嗇是一種不正常的心理。吝嗇之人往往會失去許多發展機會。一般來說，這種人都非常計較個人的得失，遇事總怕自己會吃虧。他可以大慷公家之慨，對個人利益卻絲毫不能讓步。為了既得利益，可以六親不認，甚至「雞犬之聲相聞，老死不相往來」。對別人的苦楚顯得冷漠無情，毫無憐憫之心，甚至落井下石。吝嗇之人很少參與社會活動，也不關心周圍的事物，「事不關己，高高掛起，明知不對，少說為佳」。他們不願幫助別人，因此很少有知心朋友，有了困難也就很難得到他人的幫助。

對金錢的運用最容易看出一個人是大度還是吝嗇。若想獲得他人的尊崇，必須氣度恢弘，絕對不可顯露出小家子氣。要想建立慷慨的聲譽，最好是出手大方，到最後你會獲得了不起的讚譽。

【典範】喬·吉拉德的「獵犬計畫」

喬·吉拉德是一名偉大的推銷員。他有一個習慣，那就是在生意成交之後，總是把一疊名片和獵犬計畫的說明書交給顧客。說明書上明明白白地告訴顧客：如果他介紹別人來買車，成交之後，每輛車他會得到二十五美元的介紹佣金。

上面說的就是喬·吉拉德的「獵犬計畫」。在發出說明書之後過不了幾天，他就會寄給顧客感謝卡和一疊名片。以後的聯繫是源源不斷的。每年至少有一次，顧客會收到他的一封附有獵犬計畫的信件，提醒客戶他的承諾仍然有效。

如果，喬·吉拉德發現顧客是一位領導人物，其他人會聽他的話，那麼，喬·吉拉德會更加努力促成交易並設法讓其成為「獵犬」。

喬·吉拉德是一個非常守信的人，只要有客戶為他介紹了新的客戶，他會毫不猶豫地把承諾的二十五美元付給顧客。他的原則很簡單，那就是：如果錯付一個人，也不過損失了二十五美元罷了；而如果付對了，那麼收入是不可限量的。

結果，小小的付出換來的是什麼呢？這個計畫使喬．吉拉德的收益大大增加。一九七六年，獵犬計畫為喬．吉拉德帶來了一百五十筆生意，約占總交易額的三分之一。喬．吉拉德付出了一千四百美元的獵犬費用，收穫了七萬五千美元的佣金。

藉機展現自己的實力

破釜沉舟的軍隊，才能決戰制勝。

陳子昂摔琴揚名

陳子昂是唐代著名詩人。他年輕時從家鄉四川來到京城長安，舉目無親，十分艱難。一天，他在街上見一人手捧胡琴，以千金出售。陳子昂靈機一動，二話不說，買下琴。並且對街上的人宣布說：「請大家明天來我家，我將為你們演奏。」

第二天，真的來了不少人。陳子昂手捧胡琴，激憤地說：「我自蜀入京，攜詩文百軸，四處求告，竟無人賞識，實在奇怪啊！」說罷，用力一摔，千金之琴頓時粉碎。還未等眾人回過神，他已拿出詩文，分贈眾人。眾人為其舉動所驚，再見其詩作工巧，爭相傳看，一日之內，便名滿京城。

【業務重點】自信來源於實力

人一生的成敗，意志力在其中發揮關鍵性的作用。具有堅強意志的人，遇到任何艱難障礙，都能克服困難，消除障礙。

一旦下了決心，不留後路，竭盡全力，向前進取，那麼即使遭遇千難萬阻，也不會退縮。有了這種決心以後，銷售就有望日日進步了。

常規的銷售方法並不總是有效，當你所有的方法都用盡了而依然沒有什麼成果的時候，你會怎麼辦呢？這個時候，意志消沉的人會知難而退，但意志堅定的人由於堅信自己的實力，絕不容許自己輕言失敗，因而會出奇制勝。

有句話說：自信源自於實力。真是一點都不錯。

樂觀面對一切

我們永遠無法阻止歲月帶走我們的青春容顏，但是我們卻可以永遠有一顆快樂的心靈。

不同性格的兩兄弟

有一對孿生兄弟，兩兄弟雖然長得很像，但是性格卻大不相同，哥哥過分樂觀，而弟弟則過分悲觀。為了改造他們，他們的父親想出了一個辦法。這一天，他們的父親買了許多色澤鮮豔的新玩具給弟弟，又把哥哥送進了一間堆滿馬糞的車房裡。

第二天早上，父親趕緊去看他的兩個兒子。只見小兒子正泣不成聲，原來他認為那些玩具玩過之後就會損壞，所以他不敢玩。父親嘆了口氣，轉身走進車房，卻發現大兒子正興高采烈地在馬糞裡掏著什麼。

「你在做什麼?」父親好奇地問。「我想馬糞堆裡一定還藏著一匹小馬呢!」大兒子得意洋洋地說。

【業務重點】快樂的銷售

其實，這個故事所描寫的心理是常見的。比如說，面對同一個甜甜圈，樂觀者與悲觀者之間，其差別是很有趣的：樂觀者看到的是甜甜圈，悲觀者看到的只是一個窟窿。人生就是這樣，樂觀者在每次危難中都看到了機會，而悲觀的人在每個機會中都看到了危難。你是願意做一名樂觀者呢，還是願意做一名悲觀者?

如果你願意做一名樂觀者，那麼在銷售工作中，你的財富是你自己創造的，所以你要始終保持一種樂觀的心態，讓自己可以看得更遠一點。實際上，每一個銷售人員都有資格快樂地做銷售的工作，我們有同等的機會擁有快樂。做個快樂的人吧，養成樂觀的工作習慣，為工作增加一份力量!

堅持不懈地挑戰工作

失敗就像人們旅程中所遇到的荒漠一樣，而信心就如同荒漠中的一處清泉，有了信心這處泉水，什麼樣的荒漠能使我們無法走出去呢？

攀登高峰

有兩位年屆七十歲的老太太，一位自認為到了這個年紀就可以算是人生的盡頭，於是她便開始料理後事；而另一位卻認為一個人能做什麼事不在於年齡的大小，而在於是否相信自己有把事情做成功的能力。於是，她在七十歲高齡之際開始練習登山。在隨後的二十五年裡她一直冒險攀登各地的高山，其中有幾座還是世界上有名的山峰。最近她還以九十五歲的高齡登上了日本的富士山，打破了攀登此山的年齡最高紀錄。她就是著名的胡達·克魯斯。

【業務重點】讓信念引導你前進

在相同的條件下，對生活有沒有樂觀的態度和堅定的自信心，會使事情的發展有著迥然不同的結局。可見，影響我們工作的既不是失敗，也不是遭遇，而是我們是否持有自信的信念。

這是一個封閉的惡性循環：期盼成功，卻帶來了更大的失敗，而失敗後則更加沒有自信，以至於毀掉了自己的大好前程。我們最好能時時刻刻提醒自己要自信，要相信自己一定能實現目標。如此你才能發現：自信是多麼的神奇！

對於銷售人員來說，一次兩次甚至幾次的銷售失敗經歷又算得了什麼，每次失敗後再替自己鼓勵一下，告訴自己：我一定能夠實現目標，在這種信念的引導下，繼續前行，成功就會在不遠處等你！帶著這種信念，你的銷售工作就一定能取得巨大的成功！

【典範】改變的只是心態

塞爾瑪的丈夫是一個軍人，有一段時間她陪伴丈夫長期駐紮在一個沙漠的陸軍基地裡。丈夫經常要到沙漠裡去演習，她一個人被留在陸軍基地的小鐵皮屋裡，天氣躁熱得讓人受不了，在陰影下氣溫居然都達到了華氏一百二十五度。更讓她難以忍受的是處在異鄉為異客的孤獨感。軍人去演習後，她的身邊就只有墨西哥人和印第安人，而他們又不會說英語，她無法與他們相互交流。

她非常難過，於是就寫信給父母，說要拋開一切回家去。她父親的回信只有兩行，這兩行的內容卻永遠留在她心中，完全改變了她的生活：「有兩個人從牢中的鐵窗望出去。一個看到了泥土，一個卻看到了星星。」

看了回信的塞爾瑪感到非常慚愧：父親能看到鐵窗外的星星，而我卻只看到了鐵窗外的泥土。她很感謝自己的父親，決定要在沙漠中找到星星。

於是，塞爾瑪開始主動地接近當地人，積極地和他們交朋友，還學習當地人的語言，和他們聊天。在逐漸交往中，她開始對他們的紡織、陶器感到興趣，他們就把最喜歡但捨不得賣給觀光客的紡織品和陶器送給了她。這一切使塞爾瑪高興極了，她開始研究那些姿態各異的仙人掌和各種沙漠動植物。她觀看沙漠落日，還尋找海螺殼，這些海螺殼是幾萬年前，當時還是海洋時遺留下來，但現在已成沙漠的……原來難以忍受的環境變成了令人興奮、流連忘返的奇景。她為發現新世界而興奮不已，將點點滴滴都記錄下來，寫成了一本名為《快樂的城堡》的書，出版後十分暢銷。

沙漠沒有改變，印第安人也沒有改變，周圍的環境還是原來的模樣，塞爾瑪改變了自己看待環境的眼光。一念之差，使她把原先認為惡劣的環境變為一生中最有意義的冒險樂園。她終於看到了星星。

寬容別人對你的冒犯

不會寬容別人的人，是不配得到別人寬容的。

寬容別人是爲自己好

有一個非常善良的億萬富翁。有一次，他買了一條價值數萬元的金魚。他非常喜歡牠，把牠擺在客廳最顯眼的地方。

然而，一天下午，僕人把水缸撞倒了，金魚裸露在地上。這時候他做了什麼呢？他沒有生氣，而是迅速把魚撿起來放進水裡。結果，這隻金魚又活了。

如果他當時只顧著責備僕人，那他的金魚必死無疑。

【業務重點】與其報復，不如忘記

是的，寬容別人是為了自己好。這句話太有意思了。我們常說人生最難得的是有寬容別人的心，生氣是拿別人的錯誤來懲罰自己。

和其他人一樣，你一生中也會累積一大堆敵人。「原諒敵人」這句忠告，很多人都做不到，畢竟當我們受到傷害時，都會想要報復，而且還會記恨。

但是，這樣實在是有百害而無一利。也許你因一時氣憤得罪了一名下屬員工，結果他加入你競爭對手的行列，並開始運用一些你覺得很不公平的商業手段。憤怒的情緒和積怨，使你產生報復的意念，為此耗費了你生命中美好的幾年。

事實上你不只浪費了時間，因為每當你想到這件事，就會變得充滿恨意而且尖酸刻薄，這種態度進而影響到你在做的每一件事情。結果是得不償失。

如果你無法接受最好的忠告——寬容別人，至少接受次好的忠告——忘記他們。因為你真正能復仇的方法，就是別讓你的敵人使你毀滅自我。

做個有進取心的人

一個人必須學會每天和自己競爭，才能掀起真正的信心革命！

釣魚

有個人在岸邊垂釣，只見他竿子一揚，一條大魚上了鉤。然而，釣者冷靜地用腳踩著大魚，解下魚嘴內的釣鉤，順手將魚丟回海中。然後接著釣。

一會兒，他的釣竿再次揚起，只見釣線末端鉤著一條不到一尺長的小魚。釣者將小魚解下後，小心地放進自己的魚簍中。

遊客中有人百思不解，遂問釣者為何捨大魚而留小魚。釣者回答：「喔，那是因為我家裡最大的盤子，只不過有一尺長，帶太大的魚回去，盤子也裝不下。」

【業務重點】和自己競賽

捨幾尺長的大魚而寧可拿不到一尺的小魚，這是令人難以理解的取捨標準，而釣者的唯一理由，竟是因為家中的盤子太小，盛不下大魚。

在我們的工作中，許多人都經歷過類似的事情。例如，因為自己平凡的背景，而不敢去夢想非凡的成就；因為自己學歷的不足，而不敢立下宏偉大志；因為自己的無知，而不願打開心扉，去追求更好的生活。可是如果你不主動打破生命的格局，你就無法改變你的工作狀況。

自信要做到完全的自尊自重。當你逃避人生，你就是啃噬你自己，摧毀你的精神。「明天」這個藉口，之所以成為沮喪的一面，是因為這種「明天」哲學會讓人過著沒有目標的日子。

在田徑競爭中，競賽者可因某種原因而被取消資格，好壞全在裁判。但在日常的生存競爭中，只有我們自己才能取消自己的競賽資格。而當我們這樣做時，競賽仍然照常進行，它是一種馬拉松式的長途競賽：在我們心中，我們沿著跑道奔跑，跑了一圈又一圈，受到挫折，絕不容許思慮躊躇，直到我們筋疲力竭。

我們必須走進積極的世界，去與他人競爭以及合作。我們要挺起胸膛，走向完全的自尊自重。我們要沉著而又鎮靜地向前走，從容而又自信地向前走。

相信自己一定行

只有你才是自己命運的主人，只有你才能把握自己的心態，而你的心態塑造著自己的未來，這是一條普遍的規律。

給拿破崙送信的士兵

一個士兵為了給拿破崙送信，快馬加鞭，日夜兼程，結果信到了拿破崙手裡的時候，馬因太累而死去。拿破崙寫了回信，交給那個士兵，吩咐士兵騎自己的馬，迅速把回信送去。

士兵看到拿破崙的馬裝飾得無比華麗，說：「不，將軍，我是一個平庸的士兵，實在不配騎這匹駿馬。」

拿破崙回答道：「世上沒有一樣東西，是法蘭西士兵所不配享有的。」

【業務重點】克服自卑情結

世界上到處都有像這個法國士兵一樣的人！他們以為自己的地位太低微，別人擁有的種種幸福，是不屬於他們的。他們以為自己是不能與那些偉大人物相提並論的，是不配享有與別人同樣的幸福的。你有過這樣的想法嗎？

每天都有許多人開始新的工作，他們都「希望」能榮登最高階層，享受隨之而來的成功果實。但是他們絕大多數都不具備必要的信心與決心，因此他們無法達到自己的願望。他們這樣想：世界上是有最好的東西，但不是他們這一輩子能夠享有的。他們認為，生活上的一切快樂，都是留給一些幸運的寵兒來享受的。有了這種卑微的心態，當然就不會有出人頭地的念頭了。

一個人如果在神情和言行舉止上時時顯露著卑微，不信任自己，不尊重自己，那麼這種人自然得不到別人的尊重。這種自卑自賤的觀念，往往成為不求上進、自甘墮落的主要原因。

【典範】把自信寫在臉上

美國百貨大王梅西於一八八二年出生於波士頓。梅西的一生就是在不斷創業和不斷失敗中度過的，當他窮困潦倒的時候，他還擁有的唯一財富就是自信。即使是再艱難的日子，他都會以朝氣蓬勃的一面迎接新的一天。

梅西年輕時出過海，以後開了一家小雜貨鋪，賣些針線之類的小商品。然而，鋪子很快就倒閉了。一年後他又開了一家小雜貨鋪，結果仍以失敗而告終。

但梅西毫不氣餒，一直尋找新的商機。當淘金熱席捲美國的時候，梅西在加利福尼亞開了個小餐館，本以為賺淘金者的錢是穩賺不賠的買賣，沒想到多數淘金者一無所獲，什麼也買不起。這樣一來，餐館在艱難維持一段時間後又關門了。

回到麻塞諸塞州之後，梅西滿懷信心地經營起布匹服裝生意。可是這一回他不只是倒閉，簡直是徹底破產，賠了個精光。

不死心的梅西又跑到新英格蘭做布匹服裝生意。這一回他終於找對了時機，買賣做得很好，不斷擴大生意，開始了財富的累積。

梅西在頭一天開張時營業額才十一點八美元，而現在位於曼哈頓中心地區的梅西公司已經成為世界上最大的百貨商店之一了。

準確定位你自己

你希望成為什麼樣的人，你就會成為什麼樣的人，希望可以為自己帶來動力。

乞丐也可以是商人

一個人站在路旁賣橘子，看他的樣子，賣橘子不過是一個幌子，而他的真實身分不過是一個乞丐。大家都很清楚這一點，所以從來都沒有人拿過他的橘子。

有一天，一名商人路過此地，忍不住向乞丐面前的紙盒裡投入幾枚硬幣，並且取出一個橘子說：「這是我向你買的，因為你是一個商人，而我也是一個商人。」

幾年後，這位商人參加一次高級酒會，遇見了一位衣冠楚楚的先生向他敬酒致謝，並告知說：他就是當初賣橘子的乞丐。而他生活的改變，完全得益於商人的那句話：你我都是商人。

【業務重點】不要放棄希望

這個故事告訴我們：

把自己當成乞丐，你就是乞丐；把自己定位是商人，你就是商人。

汽車大王福特從小就在頭腦中構想能夠在路上行走的機器，用來代替牲口和人力，而全家人都要他在農場做助手，但福特堅信自己可以成為一名機械師。於是他用一年的時間完成別人要三年才能完成的機械師訓練，之後他花兩年多時間研究蒸汽原理，試圖實現他的夢想，但沒有成功。後來他又投入汽油機研究，每天都夢想製造一部汽車。他的創意被大發明家愛迪生所賞識，邀請他到底特律公司擔任工程師。經過十年努力，他終於成功地製造了第一部汽車引擎。福特的成功，完全歸功於他的正確定位和不懈努力。

在這個世界上，有許多事情是我們難以預料的。我們不能控制機遇，卻可以掌握自己；我們無法預知未來，卻可以把握現在；我們不知道自己的生命到底有多長，我們卻可以安排當下的生活；我們左右不了變化無常的天氣，卻可以調整自己的心情。只要活著，就有希望。

【典範】人生因你的定位而改變

詹姆斯．布賴恩十七歲的時候，以優異的成績從大學畢業，並作為優秀學生代表在畢業典禮上發言。他演講的主題是「受過教育的美國人的責任」，他的英語流利、典雅，雄辯有力，在場聽眾無不傾倒，都認為他必成大器。

畢業之後，布賴恩應聘到肯塔基州的一所軍校任數學教師。隨後，在布賴恩任教滿三年的時候，他辭了職，去費城的一所盲人學校任教，在那裡待了兩年。兩年裡他負責講授高級文學和科學課程，受到了老師和同學的喜愛。校長讚揚說：「他的才智幫助課堂裡的那些急切盼望學習知識的學生開了眼界，提高了知識；他完全勝任現在的工作。」

這時，布賴恩已經二十四歲了。雖然，他時常也會拿起筆，為報刊寫些文章，這也讓他感到莫大的快樂，但是對於自己的人生定位，他心裡並沒有數。他想過從事編輯工作，但找不到合適機會，一直沒有起步。他喜歡教書，如果命運沒有為他打開別的大門，他也願意一直教下去。他徘徊在人生定位的關頭，他因找不到自己的人生定位而苦惱不已。

就在這時候，機會出現了：緬因州首府奧古斯塔市有一份《肯納貝克雜誌》，雜誌老闆有意出售一半股權。布賴恩知道了這個消息，立刻意識到自己終於找到了自己要做的事，他抓住了機會，買下了這部分股權，隨後舉家移居奧古斯塔。他的定位的改變，正是他邁向未來成功生涯的一個轉捩點。

在布賴恩的主持下，雜誌表現出新的風格，受到讀者的喜愛。讀者欣喜地看到一份目光敏銳、切中時弊的新興刊物，意識到背後的主事人應該是位大手筆。確實，布賴恩雖然是第一次涉足這一領域，但他駕輕就熟，絲毫不遜色於在其中混跡多年的老編輯。他很快就把該州共和黨的注意力吸引了過來。不到兩年的時間，他就成為緬因州共和黨的領袖，並成為一八五六年第一屆共和黨全國大會的代表。

在主持《肯納貝克雜誌》一年之後，布賴恩又接手了《波特蘭商訊》的編輯工作，這使他的影響力又擴展到了商業領域。同時做兩份編輯工作，換成一般人難免應接不暇，但布賴恩體內好像蘊藏了無窮的能量，任何時候都是精神抖擻，幹勁十足。

二十八歲那年，他成為緬因州議會議員，以後又連任數屆，其中還兩度擔任發言人。布賴恩作為緬因州代表，在國會眾議院一共任職十四年之久，期間六次成為發言人，是眾議院歷史上最為光彩奪目的一位發言人，受到各方面的讚揚。

做個能自立的人

人生的天地只能由自己來開闢，人生的道路只能由自己闖蕩。

「安全」的寄居蟹

龍蝦與寄居蟹在深海中相遇。寄居蟹看見龍蝦正把自己的硬殼脫掉，就緊張地問：「你不怕被攻擊嗎？」

龍蝦回答：「我們龍蝦每次成長，都必須先蛻掉舊殼，才能生長出更堅固的外殼，現在面對的危險，只是為了將來發展得更好而作出準備。」

【業務重點】努力打拚，做事業的主人

龍蝦知道，擺脫不了舊的，就創造不了新的；寄居蟹則恬不知恥，沒有什麼遠大的追求，得過且過。

沒有屬於自己事業的人，永遠不會成為真正的主人。要想讓自己不任人擺佈，不任人役使，就必須努力打拚，努力鍛鍊自己的能力，爭取一份屬於自己的天地。

弗勒出生在美國波士頓郊外的農村，父母都是老實的農民。他們是一個「多子多福」的大家庭，兄弟姐妹多達十二個，他是第十一位。小時候，弗勒就很機靈，一點也不安分守己，既不好好學習，也不好好做農務。弗勒勉強中學畢業以後，一個人去了波士頓。

到了波士頓，他才發現自己原來「什麼也不是」，要技術沒有技術，要特長沒有特長，年齡太小，沒有經驗……儘管他想欺騙雇主獲得一份工作，但是當雇主們發現他什麼都不會的時候，立即毫不留情地把他「掃地出門」。

經過一段時間，他開始反省自己，最後得出結論：絕不能這樣寄人籬下，一定要走出自己的道路。他發現自己可以做推銷，並且認為只要自己足夠勤奮，加上自己的腦子靈光，一定可以走出窮困。

結果，由於頭腦靈活，服務熱心，把顧客真的當成了上帝，不到一年工夫，他存在銀行的存款已經將近四百美元，在當時，這已經是一筆大財產了。

跟在別人後面跑，永遠只能吃殘羹冷飯。為自己打拚，才能夠有出頭之日。

隨時隨地用心觀察

真理就在你身邊，而你卻常常對它視而不見。

驚人的觀察能力

有一次，高爾基、安德列耶夫和蒲寧三個人在一家飯館裡吃飯。突然，一個顧客進了餐館的門，這個人有點奇怪，於是三個人都盯著他看。

這個人也沒吃飯，只是和飯館的侍者說了幾句話就走了。這時候，高爾基問：「兩位還記得這個人的特徵嗎？他到底是幹什麼的？」安德列耶夫什麼也沒有觀察出來，只得胡謅了幾句。蒲寧則有條不紊地從那個人的服飾談起，連小指甲不正常這樣的細節也沒放過，最後推測道：「這人是騙子！」飯館侍者證實了蒲寧的觀察結論。

【業務重點】將觀察與思考結合起來

蒲寧的觀察能力確實非同一般，不但細緻、準確、全面，而且還具有一種嚴密的邏輯推理能力。這告訴我們，一個推銷員必須有著與眾不同的緻密和敏銳，才能準確地考察顧客的需要。下面列出提高觀察能力的幾個要點：

首先，要密，就是要緊緊盯住目標，切忌浮光掠影，見異思遷。其次，要全，要全面地、理性地看待問題，既要看到事物的目前狀況，更要預測其發展趨勢。第三，要微，也就是要善於察一葉而知秋，敏感地看到別人不易察覺到的事物和現象。最後，要思，要將觀察與思考結合起來，深入自己的感情認識。

如果你是一個銷售人員，請對比一下，看看自己差多少？

讓思考成為一種習慣

思考習慣一旦形成，就會產生巨大的力量。十九世紀美國著名詩人及文藝評論家洛維爾說過：「真知灼見，首先來自多思善疑。」

卡內基養兔子

卡內基小時候在家裡養了一群兔子，每天他必須尋找青草來養它們。然而卡內基年幼時家中並不富裕，他必須幫助母親做些雜事，因此他沒有充裕的時間去割兔子最喜歡吃的青草。可是他又不忍心看著小兔子挨餓。

後來卡內基想了一個絕佳的辦法：他邀請附近的小朋友到他家來看兔子，並且要每位小朋友選出自己最喜歡的兔子，然後用小朋友的名字給兔子命名。自從每位小朋友有了以自己名字命名的兔子以後，這些小朋友每天都會迫不及待地送最好的青草給與自己同名的小兔子吃。

【業務重點】勤奮的人未必成功

卡內基的發現證明：一個人多動腦子比多動手更容易獲得財富。「努力就能成功」，很多人把這句話當做真理，因而整天忙忙碌碌。但這樣一定能取得成功嗎?很多人的經歷似乎證明這句話的正確性，然而更多人的經歷卻否定了這句話的真理性。

事實上，勤勞並不能為你帶來想像中的生活。因此，我們必須轉變觀念，從今天開始聰明地工作。聰明地工作意味著你要學會動腦子。

為了賺大錢和從生活中得到更多的東西不得不辛苦的工作，並不是這個世界的自然規律。恰恰是比大部分人更短的工作時間，更輕鬆悠閒的生活節奏，卻能幫助你從生活中獲取更多的收穫。

和那些鼓吹辛苦工作的人不同，懶惰的成功者知道與長時間的辛苦工作相比，重要的、具有想像力的付出能產生令人印象深刻的經濟效益和個人滿足感。選擇聰明地工作，你就有可能成為一個頂尖人物。

不要三心二意

世上無難事，只怕有心人。豐碩的收穫，事業的成功，都是靠專心致志終身追求而取得的。

造劍的秘訣

有一位專門造劍的工匠，儘管已八十歲了，但打出的劍依然鋒利無比，光芒照人。有人問他到底有什麼竅門？

他說：「我造了一輩子劍。從二十歲開始，到現在已經六十年了。六十年來，我除了琢磨怎麼造劍之外，對其他的事情一概不關心。這就是我的秘訣。」

【業務重點】持之以恆，水滴石穿

六十年如一日的熱愛並鑽研一件事情，這需要多麼大的熱情和毅力呀！對每一個人來說，如果不是一點一點累積，努力不懈地學習，想一鳴驚人，那只是空想。只有堅持不懈、富有恆心的人才有希望達到光明的頂峰。

晉代的大文學家陶淵明隱居田園後，某一天，有一個讀書的少年前來拜訪他，向他請教求知之道，看看能否從陶淵明這裡討得獲得知識的絕妙之法。陶淵明知道他的來意後，便拉著少年的手來到田邊，指著一棵稻秧說：「你看它是不是在長高？」少年看了又看，最後搖了搖頭。

陶淵明又指著河邊的一塊大磨石問：「那塊磨石為什麼會有凹面呢？」

少年回答：「那是磨鐮刀磨的。」

陶淵明問：「實際是哪一天磨的呢？」少年無言以對。陶淵明這才說：「正所謂冰凍三尺，非一日之寒。若不持之以恆地求知，就不可能獲得成功。」

那些成功的人，人們往往看到了他們才華卓越的一面，而忘了他們成功的光環背後那勤學苦練、日積月累的付出。只要肯努力，只要能堅持，人人都可以成為天才。

不妨從零開始

你就是一個大大的「一」，你的後面的「〇」愈多，表示你的成就愈大。

活下去的理由

有個女人的丈夫死了，她感到痛苦萬分，就投河了。不過，幸運的是她又被人救了起來。

那人問她年紀輕輕的，為何不活下去，她對他訴說了自己的痛苦。

那人又問：「結婚前你是怎麼過的？」

女人說：「那時候我自由自在，無憂無慮。」

那人意味深長地說：「那麼，現在你又自由自在了，你何不重新過上無憂無慮的生活呢？」

【業務重點】克服對過去的回憶

女人是否真能回到沒有結婚時的那種無憂無慮的狀態呢？我們不得而知。不過，「從零開始」的心態我們是一定要有的。這是一個偉大的信念，它意味著一切對你來說都是新的。充滿對過去的回憶不能讓你更進一步，你的思維會定型，你看待問題的角度不會轉彎，你的各種應對方式都會變得非常機械化。一旦失去了你所熟悉的東西，你立刻會感到心中空虛，彷彿被人掏空了一樣，而在空虛的心境中你很難再學到新的東西。

即便失敗也要從零開始。失敗的經驗固然會讓自己難堪，然而也是可貴的，它可以讓你發現自己。如果你沉迷於對失敗的回憶中，你就等於在心中一次次地經歷失敗，這樣，本來並不可怕的失敗被你自己無限地放大，你彷彿成了世界上最失敗的人，而你以後也永遠不可能再取得成功。這是多麼的可怕啊！

只有忘記過去，牢牢地把握住當下，你才會有一個健康的心境，過一個精彩的生活。

人情的背後就是財富

世事洞明皆學問，人情練達即文章。

黑白珠子算人情

一位有著非常好的人脈關係的人，別人跟他請教，他說：「盡量讓別人欠你人情，但不要急於求取回報。」

據說這個人的桌上一直放著兩個瓶子，瓶子裡面放著不同顏色的珠子：一種是黑色的，另一種是白色的。白色代表的是「借出的人情」，而黑色代表的是「積欠的人情」。假如今天欠別人一個人情，他就在「積欠的人情」瓶子裡放一個黑珠子。假如今天給別人一個人情，他就在「借出的人情」瓶子裡放一個白珠子。他永遠使「借出的人情」這個瓶子保持比「積欠的人情」的瓶子二倍滿。

【業務重點】經常借出人情

人脈關係是我們在社會上活動的重要資源，缺乏這資源我們將寸步難行。如果我們總是欠別人的人情，那麼就不會有人願意幫助我們，而如果我們能夠經常借出人情的話，就不怕得不到足夠的回報。

美國喜劇演員雷．伯頓寄出的聖誕卡和別人的不一樣。伯頓的賀卡總是獨具一格，他絕不說陳腔濫調的客套話，他寫的話十分切中要點。也能正確提及收件者與他最近一次聯繫的時間。

幾個月後還能將日期與談話內容記得一清二楚，他到底是怎樣做到這一點的呢？難道他真的有這麼好的記憶力嗎？當然不是的。這裡面有一個秘訣，他的秘訣就是不管何時，只要他遇見了某個人，過後他就立即寫好卡片和信，然後收藏起來，等到耶誕節來臨時再寄出去。多年來他都用同樣的方法，從未被人識破。這一方法保證了他和對方的關係始終就像和他們第一次認識時有著新鮮感，而他們的感情卻逐日增長。

如果你想讓別人記住你，那麼你就應該像伯頓一樣經常性地和客戶以及準客戶聯絡感情。

克制不良情緒

成功者善於愛護和不斷地培育自己的自信心，他們懂得如何給自己激勵。

愈想愈糟糕

一個獵人開著車，晚上一個人出去打獵。走到半路上，不知什麼原因，輪胎沒氣了。他看到遠處農舍的燈光，就順著走了過去。他邊走邊想：「也許沒有人來開門，要不然就沒有千斤頂。即使有，主人也許不會借給我。」他愈想愈覺得不安，當門打開的時候，他一拳向開門的人打過去，嘴裡喊道：「留著你那糟糕的千斤頂吧！」

【業務重點】為自己打氣

這個故事只會使人哈哈一笑，因為它揶揄了一種典型的自我擊敗式的思想。在獵人敲門之前，他已向自己一拳拳地打過來。「也許……要不然……即使」這些只往壞處想的念頭把他自己給擊敗了。

成功者與他的態度恰恰是截然不同的。成功者在找到了自己的目標後，總是以強烈的進取精神千方百計地去創造條件，去實現目標，從而大大增加了自己成功的機會。即使遇到挫折，他們也會積極進行分析，調整自己的心態去努力進行。而當事情有了進展，他們往往能充分肯定自己的已有成就，並以此來增強自己前進的勇氣。

許多銷售人員都有這樣的經驗：如果早上起來心情不好，自忖無法應付即將面對的難纏的客戶時，便會將成交率高的客戶作為首先拜訪的對象，待成交幾筆交易，自信心培養充分以後，再去拜訪其他較難纏的客戶。這種方式不但可使心情由陰鬱變開朗，還可以確保一天的業績。

實際上，他們所需要的就是一種能充實自信心的成就感。一個不信任自己的人，一個凡事悲觀的人，一個只是把自己的成果當作僥倖的人，不可能成為成功者。

別忘了犒勞自己

你是想做一個累得喘不過氣來的人，還是想做一個氣定神閒的人？

勞逸結合

有一位作家為一家報社提供稿子。他寫得很辛苦，因為他給自己定了一個目標，每週必須完成兩萬字。不過，每週他都能夠達到這個目標。為什麼呢？原來他的秘訣是：每次達到了兩萬字的目標後，就去附近的餐館飽餐一頓作為獎賞，超過了這一目標，還可以安排自己去海濱度週末。於是，在海濱的沙灘上，常常可以見到他自得其樂的身影。

【業務重點】給自己放假

這位作家也可以說是很會享受生活，實際上，人不可能一直忙忙碌碌而不休息。中國古人說：一張一弛。緊張之後一定要學會放鬆自己。沒見過一個繃得過緊的琴弦不易斷；也沒見過一個心情日夜緊張的人不生病。所以善用錶的人永不把發條上得過足；善駕車的人永不把車開得過快。

英國著名政治家邱吉爾在工作繁忙之餘，會做一些活動讓自己徹底放鬆。比如他會在戰事最緊張的週末去游泳，在選舉白熱化的時候去垂釣，被迫下台以後就去學畫畫，或者乾脆叼起雪茄吞雲吐霧。因此他的身體一直非常健康，精力十分充沛。

人是需要鼓勵的，不僅是別人鼓勵你，你還要自己鼓勵自己。

而且很多時候，即便別人不鼓勵你，你也要鼓勵自己。

許多人做出了成績，往往期待著別人來讚許。其實光靠別人的讚許還是不夠的，何況別人的讚許會受到各種外在條件的制約，難以符合你的實際情況或滿足你真正的期盼。要保護自己的自信心和成功信念，不妨花些時間，恰當地給自己一些獎勵。

身心靈成長

01	心靈導師帶來的36堂靈性覺醒課	姜波	定價：300元
02	心靈導師A.H.阿瑪斯的心靈語錄	姜波	定價：280元
03	生死講座——與智者一起聊生死	姜波	定價：280元

典藏中國：

01	三國志--限量精裝版	秦漢唐	定價：199元
02	三十六計--限量精裝版	秦漢唐	定價：199元
03	資治通鑑的故事--限量精裝版	秦漢唐	定價：249元
04-1	史記的故事	秦漢唐	定價：250元
05	大話孫子兵法--中國第一智慧書	黃樸民	定價：249元
06	速讀二十四史--上下	汪高鑫李傳印	定價：720元
08	速讀資治通鑑	汪高鑫李傳印	定價：380元
09	速讀中國古代文學名著	汪龍麟主編	定價：450元
10	速讀世界文學名著	楊坤 主編	定價：380元
11	易經的人生64個感悟	魯衛賓	定價：280元
12	心經心得	曾琦雲	定價：280元
13	淺讀《金剛經》	夏春芬	定價：210元
14	讀《三國演義》悟人生大智慧	王 峰	定價：240元
15	生命的箴言《菜根譚》	秦漢唐	定價：168元
16	讀孔孟老莊悟人生智慧	張永生	定價：220元
17	厚黑學全集【壹】絕處逢生	李宗吾	定價：300元
18	厚黑學全集【貳】舌燦蓮花	李宗吾	定價：300元
19	論語的人生64個感悟	馮麗莎	定價：280元
20	老子的人生64個感悟	馮麗莎	定價：280元
21	讀墨學法家悟人生智慧	張永生	定價：220元
22	左傳的故事	秦漢唐	定價：240元
23	歷代經典絕句三百首	張曉清 張笑吟	定價：260元
24	商用生活版《現代36計》	耿文國	定價：240元
25	禪話•禪音•禪心禪宗經典智慧故事全集	李偉楠	定價：280元
26	老子看破沒有說破的智慧	麥迪	定價：320元
27	莊子看破沒有說破的智慧	吳金衛	定價：320元
28	菜根譚看破沒有說破的智慧	吳金衛	定價：320元
29	孫子看破沒有說破的智慧	吳金衛	定價：320元
30	小沙彌說解 《心經》	禾慧居士	定價：250元
31	每天讀點《道德經》	王福振	定價：320元
32	推背圖和燒餅歌裡的歷史	邢群麟	定價：360元

33	易經：現代生活的智慧	孫三寶	定價：280元
34	《傳習錄》白話本	姜波	定價：330元
35	《史記》故事導讀	姜波	定價：340元
36	《資治通鑑》故事導讀	姜波	定價：300元

人物中國：

01	解密商豪胡雪巖《五字商訓》	侯書森	定價：220元
02	睜眼看曹操-雙面曹操的陰陽謀略	長　浩	定價：220元
03	第一大貪官-和珅傳奇（精裝）	王輝盛珂	定價：249元
04	撼動歷史的女中豪傑	秦漢唐	定價：220元
05	睜眼看慈禧	李　傲	定價：240元
06	睜眼看雍正	李　傲	定價：240元
07	睜眼看秦皇	李　傲	定價：240元
08	風流倜儻-蘇東坡	門冀華	定價：200元
09	機智詼諧大學士-紀曉嵐	郭力行	定價：200元
10	貞觀之治-唐太宗之王者之道	黃錦波	定價：220元
11	傾聽大師李叔同	梁　靜	定價：240元
12	品中國古代帥哥	頤　程	定價：240元
13	禪讓--中國歷史上的一種權力遊戲	張　程	定價：240元
14	商賈豪俠胡雪巖(精裝)	秦漢唐	定價：169元
15	歷代后妃宮闈傳奇	秦漢唐	定價：260元
16	歷代后妃權力之爭	秦漢唐	定價：220元
17	大明叛降吳三桂	鳳　娟	定價：220元
18	鐵膽英雄一趙子龍	戴宗立	定價：260元
19	一代天驕成吉思汗	郝鳳娟	定價：230元
20	弘一大師李叔同的後半生-精裝	王湜華	定價：450元
21	末代皇帝溥儀與我	李淑賢口述	定價：280元
22	品關羽	東方誠明	定價：260元
23	明朝一哥 王陽明	呂　崢	定價：280元
24	季羨林的世紀人生	李　琴	定價：260元
25	民國十大奇女子的美麗與哀愁	蕭素均	定價：260元
26	這個宰相不簡單--張居正	逸　鳴	定價：260元
27	六世達賴喇嘛倉央嘉措的情與詩	任倬灝	定價：260元
28	曾國藩經世101智慧	吳金衛	定價：280元
29	魏晉原來是這麼瘋狂	姚勝祥	定價：280元
30	王陽明悟人生大智慧	秦漢唐	定價：280元
31	不同於戲裡說的雍正皇帝	秦漢唐	定價：240元
32	不同於戲裡說的慈禧太后	秦漢唐	定價：240元

國家圖書館出版品預行編目資料

跑業務的第一本 Sales Key / 趙建國 編著

一 版.-- 臺北市 :廣達文化, 2012.10

; 公分. -- (文經閣)(職場生活：13)

ISBN 978-957-713-499-8 (平裝)

1.銷售 2.銷售員 3.職場成功法

496.5　　　　101007860

跑業務的第一本Sales Key

榮譽出版：文經閣

叢書別：職場生活 13

作者：趙建國 編著
出版者：廣達文化事業有限公司
Quanta Association Cultural Enterprises Co. Ltd
發行所：臺北市信義區中坡南路路 287 號 4 樓
電話：27283588　傳真：27264126　　　E-mail：*siraviko@seed.net.tw*
劃撥帳戶：廣達文化事業有限公司　帳號：19805170

印　刷：卡樂印刷排版公司　　　　　裝　訂：秉成裝訂有限公司

代理行銷：創智文化有限公司
23674 新北市土城區忠承路 89 號 6 樓　電話：02-2268-3489　傳真：02-2269-6560

CVS 代理：美璟文化有限公司
電話：02-27239968　傳真：27239668

一版一刷：2012 年 10 月

定　價：240 元

書山有路勤為徑

學海無崖苦作舟

文經閣

書山有路勤為徑
學海無崖苦作舟

文經閣